JN050782

計算力・暗算力をとりもどす！

再挑戦！

大人のおさらい

計算ドリル

語研編集部［編］

語研

はじめに

　最近「暗算ができなくなった」「簡単な計算を間違えた」など，計算力の衰えを感じることはありませんか？

　仕事や買い物，料理等，私たちは日常生活の様々な場面で計算をしています。全く何も計算しない日はないとすらいえるかもしれません。計算，それも小学生レベルの基本的な計算を，正しく，そして素早く処理できることは，日々の生活をつつがなく送るうえで最も大切な能力のひとつといえます。これほど大切なものであるにもかかわらず，大人になってからその能力を養う機会はそう多くはありません。

　本書は，普段の生活で必要となるような基礎的な計算力を，反復を通じて向上させることを目的に作られました。普段私たちが使う計算のほとんどは，小学算数で習うものばかりです。本書も小学生レベルの計算に特化したドリルとして制作されています。数学を突き詰めるのではなく，あくまで計算力の向上をめざします。しかし，小学生レベルと侮るなかれ。計算力に自信のある方にこそ，ぜひチャレンジしていただきたいと思います。

　1章の「整数」から始まり，2章の「小数」，3章の「分数」と，小学算数の勉強をなぞるかのように，できる計算の幅を広げていきます。加えて各章では，整数の足し算，整数の引き算…といった形で，計算の型を細分化しています。これにより，苦手なジャンルが鮮明になり，意識的に取り組むことができます。

　本書は，計算力の向上をめざすためのドリルであり，教科書や学習指導要領等に完全に準拠しているわけではありません。むしろ大人向けの計算ドリルとしての工夫が凝らされています。多様な計算問題が出題されるだけでなく，実際の生活場面を意識した文章題も用意しています（4章）。

　計算力は大人になってからでも十分に鍛えられます。1日1項目取り組めば，1ヵ月強で最後まで達成できます。「算数まめ知識」やコラムで息抜きしながら，楽しんで取り組んでいただけたら幸いです。計算力を高めて"脳力"アップをめざしましょう！

目 次

【装丁】由無名工房　山田 麻由子
【カバーイラスト】きなこもち

●1章から3章は分野別の構成

整数，小数，分数と章ごとに出題ジャンルを分けています。それぞれの章では，項目ごとに足し算や引き算等，計算の型を分けています。苦手ジャンルを意識して取り組むことができます。

●4章は生活場面に即した問題

身の回りの題材をもとにした文章題です。総合的な計算力を鍛えましょう。

●5章は総まとめテスト

最後に，ジャンルを問わず出題される総まとめテストです。5回分用意しています。

●達成度チェック表付き

巻末には達成度チェック表がついています。目標のボーダーラインに届かなかった項目を確認し，弱点の克服に努めましょう。

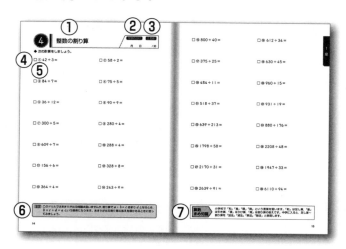

①**出題分野**・・・・・・・・・・・・・・・・・ どのような分野の，どのようなタイプの計算なのかが示されています。

②**日付記入欄**・・・・・・・・・・・・・ 問題に取り組んだ日付を記入する欄です。

③**正答数記入欄**・・・・・・・・・・・・ 解答を見て採点を行ったら，正答数を記入しましょう。

④**チェックボックス（□）**・・・・ 間違えてしまった問題や，もう一度復習しておきたい問題をチェックしておくためのボックスです。

⑤**問題番号**・・・・・・・・・・・・・・・・ 問題は各項目に最大30問あります。

⑥**復習**・・・・・・・・・・・・・・・・・・・ 小学算数の復習です。計算の仕方がわからなかったら参考にしましょう。

⑦**算数まめ知識**・・・・・・・・・・・・ 数や算数・数学にまつわる様々な「まめ知識」を載せています。

I

基本の四則演算

整数の足し算

◆ 次の計算をしましょう。

□ ① 13 + 4 =

□ ② 45 + 5 =

□ ③ 71 + 7 =

□ ④ 8 + 59 =

□ ⑤ 5 + 16 =

□ ⑥ 75 + 8 =

□ ⑦ 3 + 98 =

□ ⑧ 54 + 7 =

□ ⑨ 36 + 70 =

□ ⑩ 12 + 87 =

□ ⑪ 58 + 61 =

□ ⑫ 89 + 69 =

□ ⑬ 73 + 39 =

□ ⑭ 28 + 74 =

□ ⑮ 574 + 3 =

□ ⑯ 4 + 894 =

□ ⑰ 8 + 266 =

□ ⑱ 506 + 4 =

□ ⑲ 494 + 9 =

□ ⑳ 20 + 737 =

□ ㉑ 823 + 34 =

□ ㉒ 396 + 22 =

□ ㉓ 27 + 195 =

□ ㉔ 495 + 65 =

□ ㉕ 985 + 47 =

□ ㉖ 87 + 123 =

□ ㉗ 452 + 730 =

□ ㉘ 492 + 108 =

□ ㉙ 583 + 908 =

□ ㉚ 352 + 659 =

| 算数 まめ知識 | 西暦 2022 年は和暦で令和 4 年です。西暦から和暦を求めたいときは，西暦の下 2 桁から 18 を引きます（20XX 年なら XX−18）。または，2020 年代限定の方法ですが，一の位と十の位を足すと令和の年になります。 |

② 整数の引き算

◆ 次の計算をしましょう。

□① 75 − 1 =

□② 25 − 2 =

□③ 54 − 4 =

□④ 67 − 9 =

□⑤ 76 − 8 =

□⑥ 23 − 7 =

□⑦ 32 − 5 =

□⑧ 83 − 6 =

□⑨ 95 − 33 =

□⑩ 36 − 18 =

□⑪ 73 − 40 =

□⑫ 53 − 47 =

□⑬ 70 − 15 =

□⑭ 31 − 24 =

□⑮ 749 − 9 =

□⑯ 693 − 2 =

□⑰ 450 − 5 =

□⑱ 963 − 7 =

□⑲ 311 − 4 =

□⑳ 804 − 6 =

□㉑ 474 − 9 =

□㉒ 105 − 8 =

□㉓ 676 − 24 =

□㉔ 431 − 86 =

□㉕ 279 − 84 =

□㉖ 823 − 59 =

□㉗ 984 − 234 =

□㉘ 800 − 731 =

□㉙ 414 − 376 =

□㉚ 838 − 739 =

算数 まめ知識	硬式テニス, バスケットボール, バレーボールのコートのうち, どのコートが最も広いでしょうか？ 順に, およそ 260m², 420m², 160m² なので, 最も広いのはバスケットボールです。バレーボールのコートが最も狭いのですね。

整数のかけ算

◆ 次の計算をしましょう。

□ ① 23 × 2 =

□ ② 15 × 3 =

□ ③ 40 × 6 =

□ ④ 28 × 6 =

□ ⑤ 26 × 7 =

□ ⑥ 58 × 3 =

□ ⑦ 45 × 8 =

□ ⑧ 69 × 2 =

□ ⑨ 124 × 4 =

□ ⑩ 279 × 3 =

□ ⑪ 234 × 6 =

□ ⑫ 445 × 5 =

□ ⑬ 649 × 2 =

□ ⑭ 726 × 8 =

□ ⑮ 28 × 13 =

□ ⑯ 30 × 63 =

□ ⑰ 25 × 61 =

□ ⑱ 48 × 50 =

□ ⑲ 87 × 87 =

□ ⑳ 68 × 83 =

□ ㉑ 80 × 66 =

□ ㉒ 42 × 95 =

□ ㉓ 241 × 16 =

□ ㉔ 155 × 20 =

□ ㉕ 600 × 37 =

□ ㉖ 403 × 43 =

□ ㉗ 374 × 38 =

□ ㉘ 717 × 58 =

□ ㉙ 489 × 62 =

□ ㉚ 991 × 29 =

算数
まめ知識
「百万石の大名」などというときの「石」は，米や酒をはかる体積の単位のことで，
1石＝約180Lです。これはだいたい成人1人が1年間に消費する米の量とい
われます。よって，百万石はおよそ1.8億Lということになります。

④ 整数の割り算

◆ 次の計算をしましょう。

□ ① $42 \div 3 =$

□ ② $58 \div 2 =$

□ ③ $84 \div 7 =$

□ ④ $75 \div 5 =$

□ ⑤ $36 \div 12 =$

□ ⑥ $90 \div 9 =$

□ ⑦ $300 \div 5 =$

□ ⑧ $280 \div 4 =$

□ ⑨ $609 \div 7 =$

□ ⑩ $288 \div 4 =$

□ ⑪ $156 \div 6 =$

□ ⑫ $328 \div 8 =$

□ ⑬ $364 \div 4 =$

□ ⑭ $243 \div 9 =$

復習 このドリルではあまりが出る問題は扱いませんが，割り算で $a \div b = c$ あまり d となるとき，$b \times c + d = a$ という関係になります。あまりが出る割り算の答えを確かめるときに使ってみましょう。

□ ⑮ 800 ÷ 40 =

□ ⑯ 612 ÷ 34 =

□ ⑰ 375 ÷ 25 =

□ ⑱ 630 ÷ 45 =

□ ⑲ 484 ÷ 11 =

□ ⑳ 960 ÷ 15 =

□ ㉑ 518 ÷ 37 =

□ ㉒ 931 ÷ 19 =

□ ㉓ 639 ÷ 213 =

□ ㉔ 880 ÷ 176 =

□ ㉕ 1798 ÷ 58 =

□ ㉖ 2208 ÷ 48 =

□ ㉗ 2170 ÷ 31 =

□ ㉘ 1947 ÷ 33 =

□ ㉙ 2639 ÷ 91 =

□ ㉚ 6110 ÷ 94 =

算数
まめ知識　小学校で「和」「差」「積」「商」という言葉を習います。「和」は足し算，「差」は引き算，「積」はかけ算，「商」は割り算の答えです。中学に入ると，足し算〜割り算を「加法」「減法」「乗法」「除法」と表現します。

整数 ＋ 整数，整数 － 整数

学習の日付　　正答数

月　　日　　／30

◆ ◻ にあてはまる数を計算しましょう。

◻ ① 21 + 45 = ◻

◻ ② ◻ － 16 = 16

◻ ③ 121 + ◻ = 199

◻ ④ 77 + ◻ = 243

◻ ⑤ ◻ － 145 = 155

◻ ⑥ 66 + 984 = ◻

◻ ⑦ 727 － ◻ = 241

◻ ⑧ 868 － ◻ = 33

◻ ⑨ ◻ + 185 = 716

◻ ⑩ 701 + ◻ = 830

◻ ⑪ 320 － 113 = ◻

◻ ⑫ ◻ + 569 = 821

◻ ⑬ 181 + ◻ = 914

◻ ⑭ 308 － 158 = ◻

□ ⑮ $818 + \boxed{} = 1017$

□ ⑯ $\boxed{} + 729 = 5010$

□ ⑰ $5554 - 555 = \boxed{}$

□ ⑱ $\boxed{} - 4843 = 1433$

□ ⑲ $4005 - 3127 = \boxed{}$

□ ⑳ $1421 - 1133 = \boxed{}$

□ ㉑ $\boxed{} + 348 = 1845$

□ ㉒ $6421 - 740 = \boxed{}$

□ ㉓ $8421 - 1045 = \boxed{}$

□ ㉔ $4921 + \boxed{} = 5433$

□ ㉕ $\boxed{} + 945 = 2366$

□ ㉖ $5421 - 2330 = \boxed{}$

□ ㉗ $2916 + 2595 = \boxed{}$

□ ㉘ $\boxed{} - 3216 = 2793$

□ ㉙ $8563 - \boxed{} = 8354$

□ ㉚ $3721 + 3789 = \boxed{}$

算数 まめ知識

素数とは「2，3，5，7，11…」のように，1またはその数自身以外では割ることができない数のこと。例えば13は，1と13でしか割れないので素数です。ただし，1は素数ではありません。素数は無数に存在することが証明されています。

学習の日付　正答数

月　　日　　/ 30

◆ □ にあてはまる数を計算しましょう。

□ ① 8 × 84 = ☐

□ ② ☐ ÷ 33 = 3

□ ③ ☐ × 21 = 945

□ ④ 294 ÷ ☐ = 49

□ ⑤ 28 × ☐ = 700

□ ⑥ ☐ ÷ 16 = 11

□ ⑦ ☐ ÷ 2 = 451

□ ⑧ 6 × ☐ = 720

□ ⑨ 29 × ☐ = 841

□ ⑩ ☐ ÷ 20 = 45

□ ⑪ 540 ÷ ☐ = 30

□ ⑫ ☐ ÷ 12 = 13

□ ⑬ 75 × ☐ = 975

□ ⑭ 220 × 40 = ☐

☐ ⑮ 682 ÷ ☐ = 31

☐ ⑯ 992 ÷ 31 = ☐

☐ ⑰ 246 × ☐ = 984

☐ ⑱ 66 × 33 = ☐

☐ ⑲ ☐ ÷ 39 = 16

☐ ⑳ ☐ ÷ 44 = 21

☐ ㉑ ☐ × 17 = 3536

☐ ㉒ 321 × ☐ = 4815

☐ ㉓ 89 × ☐ = 8188

☐ ㉔ ☐ × 95 = 3420

☐ ㉕ 728 ÷ 26 = ☐

☐ ㉖ ☐ ÷ 98 = 52

☐ ㉗ ☐ ÷ 115 = 30

☐ ㉘ ☐ × 24 = 9480

☐ ㉙ ☐ ÷ 14 = 503

☐ ㉚ 277 × ☐ = 8864

算数
まめ知識

インターネットでは，個人情報を保護するために暗号化技術が使われています。
現在インターネットで普及している「RSA暗号」という方式には，「素数」の考え
方が深く関わっています。

◆ 次の計算をしましょう。

□ ① 27 + 4 − 9 =

□ ② 8 × 5 − 8 =

□ ③ 32 − 16 ÷ 4 =

□ ④ 10 × 4 + 69 =

□ ⑤ 71 − 36 + 88 =

□ ⑥ 72 ÷ 8 − 8 =

□ ⑦ 48 ÷ 12 + 32 =

□ ⑧ 5 × 16 + 12 =

□ ⑨ 30 × 5 ÷ 2 =

□ ⑩ 88 ÷ 22 × 9 =

□ ⑪ 70 − 25 ÷ 5 =

□ ⑫ 47 + 3 × 8 =

□ ⑬ 99 − 78 ÷ 39 =

□ ⑭ 21 + 12 × 12 =

復習　(　)を含む式は, (　)の中を先に計算します。　（例）1 + 2 × (3 + 4)
　　　次に, ×と÷の計算をします。
　　　最後に, ＋と−の計算をします。

□ ⑮ $25 + 87 \div 29 - 19 =$

□ ⑯ $100 - 2 \times 46 + 77 =$

□ ⑰ $(223 + 59) \div 47 \div 3 =$

□ ⑱ $5 \times (54 + 4) + 36 =$

□ ⑲ $(62 - 31 - 15) \times 11 =$

□ ⑳ $(120 - 94) \div 2 \times 30 =$

□ ㉑ $26 + 24 \times 6 + 155 =$

□ ㉒ $(34 - 18) \div (62 - 58) =$

□ ㉓ $(111 + 51) \div 9 + 65 =$

□ ㉔ $3 \times (234 + 46) - 69 =$

□ ㉕ $(300 - 9 \times 9) \div 73 =$

□ ㉖ $72 \div 9 \times (176 - 168) =$

□ ㉗ $72 \times 9 - 35 \times 14 =$

□ ㉘ $43 + 123 \div 3 - 28 =$

□ ㉙ $2 + (243 + 709) \div 68 =$

□ ㉚ $12 \times (628 - 594) \div 17 =$

算数
まめ知識 ▷ 誕生日によって星座が決まりますが，星座は他にもあるのに，なぜこの 12 種類が占いで使われるのでしょうか？　太陽の見かけの通り道である「黄道」上の 13 の星座のうち，1 つを除いたのがこの 12 星座なのです。

整数の四則混合②

◆ 次の計算をしましょう。①〜⑭は工夫して計算してみましょう。

□ ① $18 + 24 + 32 =$

□ ② $4 \times 8 \times 25 =$

□ ③ $14 \times 23 + 14 \times 27 =$

□ ④ $96 \div 6 - 36 \div 6 =$

□ ⑤ $212 \div 4 =$

□ ⑥ $102 \times 16 =$

□ ⑦ $19 \times 21 =$

□ ⑧ $98 \times 15 =$

□ ⑨ $64 \times 25 =$

□ ⑩ $880 \div 5 - 330 \div 5 =$

□ ⑪ $125 \times 7 \times 8 =$

□ ⑫ $64 + 58 + 36 =$

□ ⑬ $57 \times 95 - 47 \times 95 =$

□ ⑭ $623 \times 742 - 622 \times 742 =$

復習 次の法則を使って計算を工夫できることがあります。
$(a + b) \times c = a \times c + b \times c$
計算する前に工夫できないか考えてみるとよいでしょう。

□ ⑮ $9 \times 9 \times 9 - (872 - 870 \div 3) =$

□ ⑯ $(440 - 260) \div 20 - (474 - 414) \div 20 =$

□ ⑰ $611 \div 47 + 12 \times 26 + 55 \times 26 =$

□ ⑱ $(284 + 12) \div 74 + 2 \times (324 - 188) =$

□ ⑲ $76 \times 5 \div 10 \div 2 + 2 \times (61 + 239) \div 2 =$

□ ⑳ $21 \times 5 - 64 \div 16 + (17 \times 7 - 23) \div 6 =$

□ ㉑ $484 \div 2 \div 2 \times (36 - 4 \times 2) + 84 \times 2 - 27 =$

□ ㉒ $(4 \times 25 - 71) \times (5 + 78) - 88 \div (4 + 7) - 95 =$

算数
まめ知識 ▷ 「六次の隔たり」という理論をご存知ですか？ ある人物の知り合いの知り合いの…とたどっていけば，6回で世界中のすべての人にたどり着けるという仮説です。

整数の足し算

① 17	② 50	③ 78
④ 67	⑤ 21	⑥ 83
⑦ 101	⑧ 61	⑨ 106
⑩ 99	⑪ 119	⑫ 158
⑬ 112	⑭ 102	⑮ 577
⑯ 898	⑰ 274	⑱ 510
⑲ 503	⑳ 757	㉑ 857
㉒ 418	㉓ 222	㉔ 560
㉕ 1032	㉖ 210	㉗ 1182
㉘ 600	㉙ 1491	㉚ 1011

2 整数の引き算

① 74	② 23	③ 50
④ 58	⑤ 68	⑥ 16
⑦ 27	⑧ 77	⑨ 62
⑩ 18	⑪ 33	⑫ 6
⑬ 55	⑭ 7	⑮ 740
⑯ 691	⑰ 445	⑱ 956
⑲ 307	⑳ 798	㉑ 465
㉒ 97	㉓ 652	㉔ 345
㉕ 195	㉖ 764	㉗ 750
㉘ 69	㉙ 38	㉚ 99

3 整数のかけ算

① 46	② 45	③ 240
④ 168	⑤ 182	⑥ 174
⑦ 360	⑧ 138	⑨ 496
⑩ 837	⑪ 1404	⑫ 2225
⑬ 1298	⑭ 5808	⑮ 364
⑯ 1890	⑰ 1525	⑱ 2400
⑲ 7569	⑳ 5644	㉑ 5280
㉒ 3990	㉓ 3856	㉔ 3100
㉕ 22200	㉖ 17329	㉗ 14212
㉘ 41586	㉙ 30318	㉚ 28739

4 整数の割り算

① 14	② 29	③ 12
④ 15	⑤ 3	⑥ 10
⑦ 60	⑧ 70	⑨ 87
⑩ 72	⑪ 26	⑫ 41
⑬ 91	⑭ 27	⑮ 20
⑯ 18	⑰ 15	⑱ 14
⑲ 44	⑳ 64	㉑ 14
㉒ 49	㉓ 3	㉔ 5
㉕ 31	㉖ 46	㉗ 70
㉘ 59	㉙ 29	㉚ 65

⑨
```
    124
×     4
    496
```
⑫
```
    445
×     5
   2225
```
⑭
```
    726
×     8
   5808
```

⑤
```
      3
12)36
   36
    0
```
㉓
```
        3
213)639
    639
      0
```
㉔
```
        5
176)880
    880
      0
```

24

解答・解説

 5 | 整数 + 整数, 整数 − 整数

① 66	② 32	③ 78
④ 166	⑤ 300	⑥ 1050
⑦ 486	⑧ 835	⑨ 531
⑩ 129	⑪ 207	⑫ 252
⑬ 733	⑭ 150	⑮ 199
⑯ 4281	⑰ 4999	⑱ 6276
⑲ 878	⑳ 288	㉑ 1497
㉒ 5681	㉓ 7376	㉔ 512
㉕ 1421	㉖ 3091	㉗ 5511
㉘ 6009	㉙ 209	㉚ 7510

③ $121 + \square = 199$　$\square = 199 - 121 = 78$
⑫ $\square + 569 = 821$　$\square = 821 - 569 = 252$

 6 | 整数 × 整数, 整数 ÷ 整数

① 672	② 99	③ 45
④ 6	⑤ 25	⑥ 176
⑦ 902	⑧ 120	⑨ 29
⑩ 900	⑪ 18	⑫ 156
⑬ 13	⑭ 8800	⑮ 22
⑯ 32	⑰ 4	⑱ 2178
⑲ 624	⑳ 924	㉑ 208
㉒ 15	㉓ 92	㉔ 36
㉕ 28	㉖ 5096	㉗ 3450
㉘ 395	㉙ 7042	㉚ 32

⑤ $28 \times \square = 700$　$\square = 700 \div 28 = 25$
㉗ $\square \div 115 = 30$　$\square = 30 \times 115 = 3450$

7 | 整数の四則混合①

① 22	② 32	③ 28
④ 109	⑤ 123	⑥ 1
⑦ 36	⑧ 92	⑨ 75
⑩ 36	⑪ 65	⑫ 71
⑬ 97	⑭ 165	⑮ 9
⑯ 85	⑰ 2	⑱ 326
⑲ 176	⑳ 390	㉑ 325
㉒ 4	㉓ 83	㉔ 771
㉕ 3	㉖ 64	㉗ 158
㉘ 56	㉙ 16	㉚ 24

③ $32 - 16 \div 4 = 32 - 4 = 28$
㉕ $(300 - 9 \times 9) \div 73 = (300 - 81) \div 73$
　　$= 219 \div 73 = 3$
㉘ $43 + 123 \div 3 - 28 = 43 + 41 - 28 = 56$

8 | 整数の四則混合②

① 74	② 800	③ 700
④ 10	⑤ 53	⑥ 1632
⑦ 399	⑧ 1470	⑨ 1600
⑩ 110	⑪ 7000	⑫ 158
⑬ 950	⑭ 742	⑮ 147
⑯ 6	⑰ 1755	⑱ 276
⑲ 319	⑳ 117	㉑ 3529
㉒ 2304		

① $18 + 24 + 32 = (18 + 32) + 24 = 50 + 24$
　$= 74$
⑦ $19 \times 21 = 19 \times (20 + 1) = 19 \times 20 + 19 \times 1$
　$= 380 + 19 = 399$
⑧ $98 \times 15 = (100 - 2) \times 15$
　$= 100 \times 15 - 2 \times 15 = 1500 - 30 = 1470$

解
答
・
解
説

●連続した10個の数の合計

次の問題の答えがすぐに分かりますか？

> A　23＋24＋25＋26＋27＋28＋29＋30＋31＋32
>
> B　2127＋2128＋2129＋2130＋2131＋2132＋2133＋2134＋2135＋2136

このような「連続した10個の数の合計」は，計算しなくても簡単に答えを出すことができます。

その方法は「小さい方から数えて5番目の数のあとに【5】をつける」です。

Aの答えは，小さい方から数えて5番目の「27」に「5」をつけて「275」，Bの答えは小さい方から数えて5番目の「2131」に「5」をつけて「21315」となります。

どうしてこのようになるのでしょうか。

最も小さい数を□として連続した10個の数を表すと，

□，（□＋1），（□＋2），……，（□＋8），（□＋9）と表せます。これらの合計は，

$$□×10＋\underbrace{1＋2＋……＋8＋9}_{1から9まで全部 足すと，合計45}＝□×10＋45$$

$$＝□×\underline{10}＋40＋5 \qquad \text{45を40と5に分ける}$$
$$＝□×\underline{10}＋4×\underline{10}＋5 \qquad \text{40を4×10と考える}$$
$$＝（□＋4）×\underline{10}＋5 \qquad \text{×10でくくる}$$

「（□×4）×10＋5」はどういう数でしょうか。

（□＋4）は，連続した10個の数の小さい方から5番目の数です。

「（□＋4）×10＋5」は，それを10倍してプラス5をした数といえます。

上の例題Aで，小さい方から5番目の数は「27」です。これを10倍すると「270」，これに5を足すと「275」になります。

したがって，小さい方から数えて5番目の数のあとに【5】をつけるだけで，答えが求められるわけです。

次の問題にチャレンジ

① 7＋8＋9＋10＋11＋12＋13＋14＋15＋16

② 3555＋3556＋3557＋3558＋3559＋3560＋3561＋3562＋3563＋3564

答え　① 115　② 35595

II

小数の四則演算

小数の足し算

◆ 次の計算をしましょう。

□ ① 3.1 + 7.5 =

□ ② 7.2 + 5.3 =

□ ③ 8.6 + 0.5 =

□ ④ 8.4 + 4.7 =

□ ⑤ 1.7 + 9.5 =

□ ⑥ 3.7 + 2.2 =

□ ⑦ 9.4 + 3 =

□ ⑧ 5 + 7.5 =

□ ⑨ 5.6 + 1.7 =

□ ⑩ 3.6 + 2.1 =

□ ⑪ 7.18 + 5.1 =

□ ⑫ 0.17 + 9.46 =

□ ⑬ 17.5 + 9.8 =

□ ⑭ 2.1 + 60 =

復習 小数の足し算は位をそろえることに注意します。
　　例えば1.23 + 45.6は，右のようにそろえて計算します。

（例）　　1.23
　　　　＋45.6
　　　　46.83

28

□ ⑮ 1.88 + 7.9 =

□ ⑯ 25.9 + 3.2 =

□ ⑰ 7.7 + 0.15 =

□ ⑱ 99.1 + 2.6 =

□ ⑲ 2.7 + 67.7 =

□ ⑳ 6.4 + 3.42 =

□ ㉑ 60.7 + 2.13 =

□ ㉒ 85.1 + 5.1 =

□ ㉓ 8.59 + 86.2 =

□ ㉔ 57.6 + 3.09 =

□ ㉕ 9.85 + 0.7 =

□ ㉖ 12.3 + 87 =

□ ㉗ 61.4 + 18.4 =

□ ㉘ 25 + 1.65 =

□ ㉙ 96.6 + 9.25 =

□ ㉚ 17.3 + 50.6 =

算数
まめ知識 今日が月曜日だとすると，来年の今日は何曜日か分かりますか？　うるう年以外
では1年は365日なので，365÷7から，1年は52週＋1日だと求められます。
1年後である365日後は，52週＋1日後なので，答えは火曜日です。

小数の引き算

◆ 次の計算をしましょう。

□ ① 9.7 − 2.5 ＝

□ ② 7.2 − 4.1 ＝

□ ③ 8.8 − 7.4 ＝

□ ④ 9.9 − 1.7 ＝

□ ⑤ 8.3 − 3.1 ＝

□ ⑥ 9.1 − 1.3 ＝

□ ⑦ 9.8 − 0.6 ＝

□ ⑧ 0.9 − 0.1 ＝

□ ⑨ 7.5 − 6.8 ＝

□ ⑩ 2 − 0.8 ＝

□ ⑪ 7 − 1.9 ＝

□ ⑫ 9.9 − 0.6 ＝

□ ⑬ 63.1 − 2.9 ＝

□ ⑭ 4.94 − 1.1 ＝

復習 小数の引き算は位をそろえることに注意します。
　　例えば45.6−1.23は，右のようにそろえて計算します。
　　45.6は45.60なので，4560−123と同様に計算します。

（例）　 45.6
　　　−　1.23
　　　　44.37

□ ⑮ 41.9 − 7.8 =

□ ⑯ 16.5 − 5.2 =

□ ⑰ 8.32 − 1.73 =

□ ⑱ 84.6 − 7.87 =

□ ⑲ 43.2 − 2.31 =

□ ⑳ 4.07 − 0.59 =

□ ㉑ 6.9 − 5.44 =

□ ㉒ 96.5 − 3.4 =

□ ㉓ 32.7 − 8.73 =

□ ㉔ 34 − 9.01 =

□ ㉕ 71.9 − 2.3 =

□ ㉖ 41.6 − 7.31 =

□ ㉗ 8.2 − 2.17 =

□ ㉘ 6.6 − 3.33 =

□ ㉙ 70.5 − 0.45 =

□ ㉚ 5.3 − 4.49 =

算数
まめ知識

徒歩●分という表示の多くは, 1分＝80m（分速80m）という基準で計算されています。つまり1kmの距離であれば, 目安として 1000 ÷ 80 = 12.5(分) かかることが分かります。13分以上と書いてあれば, それは 1km 以上というわけです。

小数のかけ算

◆ 次の計算をしましょう。

□ ① 0.3 × 4 =

□ ② 0.8 × 0.7 =

□ ③ 8.7 × 6 =

□ ④ 4 × 7.5 =

□ ⑤ 0.22 × 0.7 =

□ ⑥ 2.7 × 30 =

□ ⑦ 0.04 × 6.9 =

□ ⑧ 1.5 × 0.02 =

□ ⑨ 0.62 × 5.7 =

□ ⑩ 7.1 × 2.4 =

□ ⑪ 4.9 × 6.3 =

□ ⑫ 9.7 × 0.08 =

□ ⑬ 5.9 × 8.5 =

□ ⑭ 4.9 × 0.88 =

復習　小数のかけ算は，位を気にせず右にそろえて筆算を書き，小数
点がないものとして計算します。そのあとで，小数点の処理を
します。

（例）
```
    1.6
 ×0.05
 0.080
```

□ ⑮ 2.77 × 0.7 =

□ ⑯ 0.3 × 2.65 =

□ ⑰ 6.7 × 2.3 =

□ ⑱ 7.7 × 5.9 =

□ ⑲ 8 × 43.8 =

□ ⑳ 5.1 × 0.69 =

□ ㉑ 6.6 × 26 =

□ ㉒ 23.5 × 9 =

□ ㉓ 3.17 × 2.6 =

□ ㉔ 3.9 × 5.72 =

□ ㉕ 8.3 × 7.01 =

□ ㉖ 7.6 × 2.21 =

□ ㉗ 50.5 × 0.78 =

□ ㉘ 42.7 × 2.24 =

□ ㉙ 11.2 × 54.3 =

□ ㉚ 0.58 × 0.69 =

算数
まめ知識　日本人の血液型で最も多いのは A 型で，約 40％です。次いで多いのが O 型で約 30％，次が B 型で約 20％，AB 型が最も少なく約 10％です。なお血液型をこのように分類する方式を ABO 式といいます。

小数の割り算

◆ 次の計算をしましょう。割り切れるまで計算しましょう。

□ ① 4.5 ÷ 5 ＝

□ ② 2.7 ÷ 9 ＝

□ ③ 6 ÷ 0.5 ＝

□ ④ 5 ÷ 2.5 ＝

□ ⑤ 0.8 ÷ 4 ＝

□ ⑥ 4.8 ÷ 0.6 ＝

□ ⑦ 5.5 ÷ 1.1 ＝

□ ⑧ 3.2 ÷ 0.8 ＝

□ ⑨ 2.9 ÷ 2.9 ＝

□ ⑩ 9.5 ÷ 2.5 ＝

□ ⑪ 1.8 ÷ 0.9 ＝

□ ⑫ 7.2 ÷ 1.5 ＝

□ ⑬ 3.2 ÷ 0.5 ＝

□ ⑭ 0.6 ÷ 12 ＝

復習 小数の割り算は，割る数が整数になるように割る数と割られる
数の小数点を同じだけ右に移動させてから計算をします。

（例）
$$\begin{array}{r} 6\,0 \\ 0.23\,\overline{)\,13.80} \\ \underline{1\,3\,8} \\ 0 \end{array}$$

☐ ⑮ 6.24 ÷ 1.6 =

☐ ⑯ 8.61 ÷ 4.1 =

☐ ⑰ 7.82 ÷ 1.7 =

☐ ⑱ 5.13 ÷ 2.7 =

☐ ⑲ 3.51 ÷ 0.13 =

☐ ⑳ 5.32 ÷ 1.9 =

☐ ㉑ 43.4 ÷ 0.14 =

☐ ㉒ 1.99 ÷ 99.5 =

☐ ㉓ 81.4 ÷ 55 =

☐ ㉔ 0.74 ÷ 18.5 =

☐ ㉕ 21.9 ÷ 0.6 =

☐ ㉖ 0.7 ÷ 1.25 =

☐ ㉗ 3.45 ÷ 0.06 =

☐ ㉘ 0.28 ÷ 1.12 =

☐ ㉙ 22.4 ÷ 1.25 =

☐ ㉚ 5.25 ÷ 42 =

算数
まめ知識　みなさんの髪や爪を切るペースはどのくらいでしょうか？　人間の髪の毛は１か月でだいたい９〜15mm 伸びるといわれています。爪は，成人の場合，１カ月におよそ 3mm 伸びるといわれています。

学習の日付　正答数

月　　日　　／30

◆ □ にあてはまる数を計算しましょう。

□ ① $4.2 + \boxed{} = 6.9$

□ ② $\boxed{} - 1.6 = 0.7$

□ ③ $17.4 - \boxed{} = 14.1$

□ ④ $\boxed{} - 6.2 = 62$

□ ⑤ $\boxed{} + 46.4 = 52.2$

□ ⑥ $\boxed{} + 92.5 = 97.8$

□ ⑦ $\boxed{} - 6.3 = 1.31$

□ ⑧ $5.2 + \boxed{} = 83.7$

□ ⑨ $97.6 - \boxed{} = 75$

□ ⑩ $\boxed{} + 83.8 = 159.7$

□ ⑪ $8.5 + 59.2 = \boxed{}$

□ ⑫ $\boxed{} - 0.46 = 33.24$

□ ⑬ $63.4 + \boxed{} = 70.08$

□ ⑭ $\boxed{} - 1.12 = 23.68$

□ ⑮ $319.4 + \boxed{} = 737.9$　　　□ ⑯ $\boxed{} - 40.45 = 0.33$

□ ⑰ $41.38 + \boxed{} = 85.68$　　　□ ⑱ $\boxed{} - 36.08 = 16.15$

□ ⑲ $77.3 + 21.26 = \boxed{}$　　　□ ⑳ $2.858 + \boxed{} = 6.08$

□ ㉑ $\boxed{} - 191.2 = 167$　　　□ ㉒ $212.7 - \boxed{} = 203.8$

□ ㉓ $11.42 + \boxed{} = 18.34$　　　□ ㉔ $58.59 + \boxed{} = 68.29$

□ ㉕ $\boxed{} - 80.8 = 82.3$　　　□ ㉖ $\boxed{} - 68.1 = 784.5$

□ ㉗ $141.5 + \boxed{} = 144.2$　　　□ ㉘ $\boxed{} - 38.5 = 528.1$

□ ㉙ $\boxed{} - 56.31 = 79.89$　　　□ ㉚ $17.85 + \boxed{} = 89.22$

2 章

| 算数 ま-め知識 | 適正体重は,「身長(m)×身長(m)×22」で求められます。160cm = 1.6m の人であれば, 1.6 × 1.6 × 22 = 56.32(kg)になります。 |

小数×小数, 小数÷小数

◆ □ にあてはまる数を計算しましょう。

□ ① 1.2 ÷ □ = 0.5

□ ② □ ÷ 1.5 = 6.2

□ ③ □ ÷ 2.2 = 1.5

□ ④ 0.2 × □ = 0.7

□ ⑤ 7.7 ÷ □ = 5.5

□ ⑥ □ ÷ 4.5 = 1.2

□ ⑦ □ ÷ 5.5 = 0.8

□ ⑧ 5.2 × □ = 1.56

□ ⑨ 2.2 × □ = 3.96

□ ⑩ 2.8 × □ = 7.28

□ ⑪ □ ÷ 3.6 = 0.25

□ ⑫ □ × 7.3 = 8.76

□ ⑬ 9.8 × 2.7 = □

□ ⑭ 4.1 × □ = 26.65

□ ⑮ ☐ ÷ 3.3 = 2.2

□ ⑯ ☐ ÷ 2.3 = 1.4

□ ⑰ 1.68 ÷ ☐ = 2.4

□ ⑱ 0.2 × ☐ = 7.02

□ ⑲ 2.5 × ☐ = 22.8

□ ⑳ ☐ ÷ 11.3 = 0.6

□ ㉑ 1.05 × 7.76 = ☐

□ ㉒ ☐ ÷ 12.6 = 0.3

□ ㉓ ☐ × 1.02 = 13.77

□ ㉔ 3.4 × ☐ = 43.86

□ ㉕ ☐ × 3.12 = 92.04

□ ㉖ ☐ ÷ 2.5 = 3.232

□ ㉗ 36.9 ÷ ☐ = 307.5

□ ㉘ ☐ × 2.7 = 8.424

□ ㉙ ☐ × 2.55 = 72.93

□ ㉚ 30.9 ÷ ☐ = 772.5

算数 まめ知識 ▷ 1：1.618 で表される比を黄金比といいます。黄金比は人の目にバランスよく見える比率といわれており，有名な芸術作品や建物の多くに見いだすことができます。また，日本で古くから使われてきた白銀比（1：1.414）という比率もあります。

◆ 次の計算をしましょう。⑮～㉚は工夫して計算してみましょう。

□ ① $0.7 \times 0.3 + 0.8 =$

□ ② $68.5 - 7.7 - 1.7 =$

□ ③ $5.8 \times 1.3 - 3.32 =$

□ ④ $22.04 \div 2.9 \div 1.6 =$

□ ⑤ $(9.4 - 0.68) \times 0.3 =$

□ ⑥ $7.4 \div 0.4 \times 4.1 =$

□ ⑦ $47.6 + 9.2 \times 4.9 =$

□ ⑧ $40.5 - 2.56 \div 3.2 =$

□ ⑨ $1.56 \times (9.8 - 7.7) =$

□ ⑩ $3.2 \div 0.4 \times 0.95 =$

□ ⑪ $0.41 \times 0.3 + 1.023 =$

□ ⑫ $93.9 \div 0.6 + 6.5 =$

□ ⑬ $(15.5 + 19.76) \div 8.2 =$

□ ⑭ $8.1 \times 0.46 - 0.026 =$

> 復習 計算の工夫の仕方はいろいろありますが、足し算や引き算をして、整数にならないか考えるのはひとつの手です。また、0.99のように整数に近い数は、（1－0.01）とすると計算が楽になります。さらに、25×4＝100は覚えておくとよいでしょう。

□ ⑮ $0.33 + 2.5 + 0.17 =$

□ ⑯ $0.5 \times 0.9 \times 2 =$

□ ⑰ $100 \div 8 \times 0.16 =$

□ ⑱ $(970 - 9.7) \div 9.7 =$

□ ⑲ $0.99 \times 4 =$

□ ⑳ $120 \times 2.5 =$

□ ㉑ $6.2 \times 2.8 + 6.2 \times 7.2 =$

□ ㉒ $0.54 \times 88 - 0.53 \times 88 =$

□ ㉓ $3.02 \times 13 =$

□ ㉔ $8.6 \times 5.7 + 4.3 \times 8.6 =$

□ ㉕ $2.6 \times 4 =$

□ ㉖ $1.98 \times 5 =$

□ ㉗ $16 \times 4.2 \times 1.25 =$

□ ㉘ $(100 - 10 - 1) \times 0.5 =$

□ ㉙ $(7.2 + 3.6) \div 1.2 =$

□ ㉚ $2.8 \times 2.5 =$

算数
まめ知識

江戸時代に定められた年間の節目となる５つの年中行事を，五節句といいます。
１月７日＝七草の節句，３月３日＝桃の節句，５月５日＝菖蒲の節句（端午），
７月７日＝笹竹の節句（七夕），９月９日＝菊の節句の５つです。

◆ 次の計算をしましょう。⑮〜㉘は工夫して計算してみましょう。

□ ① $0.45 \times 3.3 - 0.88 =$

□ ② $29.7 \div 5.4 + 4.95 =$

□ ③ $81.2 - 4 \times 9.7 =$

□ ④ $18.48 \div 2.2 - 0.42 =$

□ ⑤ $(3.2 + 7.2) \times 5 \div 0.13 =$

□ ⑥ $9.4 \times (6.9 - 3.7) - 5.8 =$

□ ⑦ $(5.5 - 2.26) \div 1.8 - 0.94 =$

□ ⑧ $(7.4 - 4.1) \times (68.1 - 43.8) =$

□ ⑨ $9.9 \div (7.9 + 21.5 \times 0.4) =$

□ ⑩ $28.7 - 5.4 + 6.5 \times 9.4 =$

□ ⑪ $7.38 + 6.63 \div 1.7 \div 2.4 =$

□ ⑫ $(4.5 \times 5.2 + 70.8) \div 3.14 =$

□ ⑬ $5.93 - 0.5 \times 0.6 \times 7.1 =$

□ ⑭ $8.2 \div 0.4 \times 0.7 - 1.15 =$

□ ⑮ $0.67 + 76 + 0.33 =$

□ ⑯ $4 \times 0.019 \times 25 =$

□ ⑰ $1.08 + 3.5 - 0.08 =$

□ ⑱ $3.95 \times 92 - 3.94 \times 92 =$

□ ⑲ $0.25 \times 3.2 =$

□ ⑳ $(30 - 0.3) \div 3 =$

□ ㉑ $1.1 \times 208 =$

□ ㉒ $6 \times 0.99 =$

□ ㉓ $(49 - 0.049) \div 0.049 =$

□ ㉔ $125 \times 0.5 \times 8 =$

□ ㉕ $9.8 \times 4 =$

□ ㉖ $0.15 \times 1.8 + 0.15 \times 0.2 =$

□ ㉗ $38 - 3.8 \times 0.9 - 8.1 \times 3.8 - 0.5 \times 3.8 =$

□ ㉘ $0.24 + 2 \times 0.4 \times 0.6 + 3 \times 0.8 \times 0.3 + 4 \times 1.2 \times 0.2 =$

算数
まめ知識

なぜ視力は 1.0 から 1.2, 1.5, 2.0 と刻みが大きくなるのでしょうか？ ランドル
ト環（視力検査表の C の形）を x 倍したときの視力を y とすると, x と y は反比例の
関係となり, x が大きい範囲では, x を増やしても y の変化は少なくとどまるからです。

解答・解説

1 小数の足し算

① 10.6	② 12.5	③ 9.1
④ 13.1	⑤ 11.2	⑥ 5.9
⑦ 12.4	⑧ 12.5	⑨ 7.3
⑩ 5.7	⑪ 12.28	⑫ 9.63
⑬ 27.3	⑭ 62.1	⑮ 9.78
⑯ 29.1	⑰ 7.85	⑱ 101.7
⑲ 70.4	⑳ 9.82	㉑ 62.83
㉒ 90.2	㉓ 94.79	㉔ 60.69
㉕ 10.55	㉖ 99.3	㉗ 79.8
㉘ 26.65	㉙ 105.85	㉚ 67.9

```
⑦      9.4      ⑬     17.5      ㉔     57.6
   +    3            +  9.8          + 3.0 9
     12.4             27.3           60.69
```

2 小数の引き算

① 7.2	② 3.1	③ 1.4
④ 8.2	⑤ 5.2	⑥ 7.8
⑦ 9.2	⑧ 0.8	⑨ 0.7
⑩ 1.2	⑪ 5.1	⑫ 9.3
⑬ 60.2	⑭ 3.84	⑮ 34.1
⑯ 11.3	⑰ 6.59	⑱ 76.73
⑲ 40.89	⑳ 3.48	㉑ 1.46
㉒ 93.1	㉓ 23.97	㉔ 24.99
㉕ 69.6	㉖ 34.29	㉗ 6.03
㉘ 3.27	㉙ 70.05	㉚ 0.81

```
⑩      2        ㉖     41.6      ㉚      5.3
   - 0.8            -  7.31          - 4.4 9
     1.2             34.29           0.8 1
```

3 小数のかけ算

① 1.2	② 0.56	③ 52.2
④ 30	⑤ 0.154	⑥ 81
⑦ 0.276	⑧ 0.03	⑨ 3.534
⑩ 17.04	⑪ 30.87	⑫ 0.776
⑬ 50.15	⑭ 4.312	⑮ 1.939
⑯ 0.795	⑰ 15.41	⑱ 45.43
⑲ 350.4	⑳ 3.519	㉑ 171.6
㉒ 211.5	㉓ 8.242	㉔ 22.308
㉕ 58.183	㉖ 16.796	㉗ 39.39
㉘ 95.648	㉙ 608.16	㉚ 0.4002

```
③     8.7      ㉑      6.6      ㉓      3.17
   ×   6          ×   26          ×   2.6
     52.2           396            1902
                    132             634
                   171.6           8.242
```

4 小数の割り算

① 0.9	② 0.3	③ 12
④ 2	⑤ 0.2	⑥ 8
⑦ 5	⑧ 4	⑨ 1
⑩ 3.8	⑪ 2	⑫ 4.8
⑬ 6.4	⑭ 0.05	⑮ 3.9
⑯ 2.1	⑰ 4.6	⑱ 1.9
⑲ 27	⑳ 2.8	㉑ 310
㉒ 0.02	㉓ 1.48	㉔ 0.04
㉕ 36.5	㉖ 0.56	㉗ 57.5
㉘ 0.25	㉙ 17.92	㉚ 0.125

```
⑩        3.8       ⑯        2.1       ⑳        2.8
   2.5)9.5            4.1)8.6 1           1.9)5.3 2
       75                82                 38
      200                41                152
      200                41                152
        0                 0                  0
```

44

5　小数＋小数, 小数－小数

① 2.7	② 2.3	③ 3.3
④ 68.2	⑤ 5.8	⑥ 5.3
⑦ 7.61	⑧ 78.5	⑨ 22.6
⑩ 75.9	⑪ 67.7	⑫ 33.7
⑬ 6.68	⑭ 24.8	⑮ 418.5
⑯ 40.78	⑰ 44.3	⑱ 52.23
⑲ 98.56	⑳ 3.222	㉑ 358.2
㉒ 8.9	㉓ 6.92	㉔ 9.7
㉕ 163.1	㉖ 852.6	㉗ 2.7
㉘ 566.6	㉙ 136.2	㉚ 71.37

③ $17.4 - \square = 14.1$　$\square = 17.4 - 14.1 = 3.3$
㉗ $141.5 + \square = 144.2$
　$\square = 144.2 - 141.5 = 2.7$

6　小数×小数, 小数÷小数

① 2.4	② 9.3	③ 3.3
④ 3.5	⑤ 1.4	⑥ 5.4
⑦ 4.4	⑧ 0.3	⑨ 1.8
⑩ 2.6	⑪ 0.9	⑫ 1.2
⑬ 26.46	⑭ 6.5	⑮ 7.26
⑯ 3.22	⑰ 0.7	⑱ 35.1
⑲ 9.12	⑳ 6.78	㉑ 8.148
㉒ 3.78	㉓ 13.5	㉔ 12.9
㉕ 29.5	㉖ 8.08	㉗ 0.12
㉘ 3.12	㉙ 28.6	㉚ 0.04

⑥ $\square \div 4.5 = 1.2$　$\square = 1.2 \times 4.5 = 5.4$
㉔ $3.4 \times \square = 43.86$
　$\square = 43.86 \div 3.4 = 12.9$

7　小数の四則混合①

① 1.01	② 59.1	③ 4.22
④ 4.75	⑤ 2.616	⑥ 75.85
⑦ 92.68	⑧ 39.7	⑨ 3.276
⑩ 7.6	⑪ 1.146	⑫ 163
⑬ 4.3	⑭ 3.7	⑮ 3
⑯ 0.9	⑰ 2	⑱ 99
⑲ 3.96	⑳ 300	㉑ 62
㉒ 0.88	㉓ 39.26	㉔ 86
㉕ 10.4	㉖ 9.9	㉗ 84
㉘ 44.5	㉙ 9	㉚ 7

㉒ $0.54 \times 88 - 0.53 \times 88 = (0.54 - 0.53) \times 88$
　$= 0.01 \times 88 = 0.88$
㉕ $2.6 \times 4 = (2.5 + 0.1) \times 4 = 10 + 0.4 = 10.4$
㉘ $(100 - 10 - 1) \times 0.5 = 50 - 5 - 0.5 = 44.5$

8　小数の四則混合②

① 0.605	② 10.45	③ 42.4
④ 7.98	⑤ 400	⑥ 24.28
⑦ 0.86	⑧ 80.19	⑨ 0.6
⑩ 84.4	⑪ 9.005	⑫ 30
⑬ 3.8	⑭ 13.2	⑮ 77
⑯ 1.9	⑰ 4.5	⑱ 0.92
⑲ 0.8	⑳ 9.9	㉑ 228.8
㉒ 5.94	㉓ 999	㉔ 500
㉕ 39.2	㉖ 0.3	㉗ 1.9
㉘ 2.4		

⑲ $0.25 \times 3.2 = 0.25 \times 4 \times 0.8 = 1 \times 0.8 = 0.8$
㉑ $1.1 \times 208 = (1 + 0.1) \times 208 = 208 + 20.8$
　$= 228.8$
㉕ $9.8 \times 4 = (10 - 0.2) \times 4 = 40 - 0.8 = 39.2$

●「×0.5」「÷0.5」の計算

次の問題の答えがすぐに分かりますか？

A	8264×0.5
B	$1011 \div 0.5$

「0.5 をかける」ということは「2 で割る」のと同じことです。

0.5 は分数で表すと $\frac{1}{2}$ です。式にすると，$\square \times 0.5 = \square \times \frac{1}{2} = \square \div 2$ となります。反対に，「÷0.5」は「×2」のことです。

A は $8264 \times 0.5 = 8264 \div 2 = \underline{4132}$，B は $1011 \div 0.5 = 1011 \times 2 = \underline{2022}$ が答えです。

そのまま計算すると複雑な問題も，このように考えれば簡単に答えが出せます。

同じ考え方を，次の計算に応用してみましょう。

C	1500×0.05
D	$29 \div 0.05$

「×0.05」は「×(0.1×0.5)」なので，C は「1500」を 0.1 倍（おしりの「0」を取る）した 150 を 2 で割った，$\underline{75}$ が答えです。

この考え方を使うと「5% OFF セール」でいくら値引きされるのかが簡単に分かりますね。

D の「÷0.05」は「÷$\frac{1}{20}$」，つまり「×20」のことなので，$29 \times 20 = \underline{580}$ が答えです。

次の問題にチャレンジ

① 0.5×666

② $24800 \times 0.5 \times 0.05$

③ $432 \div 0.05$

④ $7 \div 0.5 \div 0.5 \div 0.5$

答え	① 333	② 620	③ 8640	④ 56

Ⅲ

分数の四則演算

分数の足し算

◆ 次の計算をしましょう。計算結果は最後まで約分しましょう。

□① $\dfrac{1}{5} + \dfrac{2}{5} =$　　　　　　　□② $\dfrac{2}{9} + \dfrac{4}{9} =$

□③ $\dfrac{8}{21} + \dfrac{11}{21} =$　　　　　　□④ $\dfrac{16}{33} + \dfrac{16}{33} =$

□⑤ $\dfrac{1}{2} + \dfrac{1}{3} =$　　　　　　　□⑥ $\dfrac{4}{5} + \dfrac{1}{10} =$

□⑦ $\dfrac{2}{11} + \dfrac{3}{22} =$　　　　　　□⑧ $\dfrac{3}{4} + \dfrac{1}{6} =$

□⑨ $\dfrac{3}{8} + \dfrac{3}{5} =$　　　　　　　□⑩ $\dfrac{2}{7} + \dfrac{1}{13} =$

□⑪ $\dfrac{13}{36} + \dfrac{5}{18} =$　　　　　　□⑫ $\dfrac{3}{50} + \dfrac{4}{15} =$

□⑬ $\dfrac{1}{6} + \dfrac{1}{3} =$　　　　　　　□⑭ $\dfrac{3}{20} + \dfrac{3}{4} =$

復習 分母が異なる分数の足し算は，分母を最小公倍数にそろえて計算します（通分といいます）。
（例）$\dfrac{1}{3} + \dfrac{1}{2} = \dfrac{2}{6} + \dfrac{3}{6} = \dfrac{5}{6}$

□ ⑮ $\dfrac{1}{12} + \dfrac{5}{3} =$

□ ⑯ $\dfrac{5}{6} + \dfrac{1}{14} =$

□ ⑰ $\dfrac{9}{8} + \dfrac{3}{4} =$

□ ⑱ $\dfrac{5}{18} + \dfrac{5}{6} =$

□ ⑲ $\dfrac{3}{20} + \dfrac{5}{12} =$

□ ⑳ $\dfrac{5}{8} + \dfrac{10}{9} =$

□ ㉑ $\dfrac{5}{12} + \dfrac{17}{4} =$

□ ㉒ $\dfrac{6}{5} + \dfrac{7}{40} =$

□ ㉓ $\dfrac{1}{6} + \dfrac{7}{10} =$

□ ㉔ $\dfrac{8}{7} + \dfrac{4}{3} =$

□ ㉕ $\dfrac{13}{20} + \dfrac{5}{4} =$

□ ㉖ $\dfrac{5}{3} + \dfrac{1}{21} =$

□ ㉗ $\dfrac{3}{20} + \dfrac{13}{12} =$

□ ㉘ $\dfrac{4}{15} + \dfrac{4}{9} =$

□ ㉙ $\dfrac{1}{12} + \dfrac{5}{21} =$

□ ㉚ $\dfrac{15}{16} + \dfrac{13}{48} =$

算数 まめ知識	分数の分子と分母を分ける線のことを何というか知っていますか？ これは「括線（かっせん）」といいます。線で上の数と下の数を括ってひとつの数として考えるという意味合いです。

◆ 次の計算をしましょう。計算結果は最後まで約分しましょう。

□ ① $\dfrac{6}{7} - \dfrac{5}{7} =$

□ ② $\dfrac{13}{25} - \dfrac{7}{25} =$

□ ③ $\dfrac{3}{14} - \dfrac{5}{28} =$

□ ④ $\dfrac{3}{4} - \dfrac{2}{9} =$

□ ⑤ $\dfrac{1}{2} - \dfrac{2}{5} =$

□ ⑥ $1 - \dfrac{2}{3} =$

□ ⑦ $\dfrac{5}{6} - \dfrac{1}{8} =$

□ ⑧ $\dfrac{11}{12} - \dfrac{2}{3} =$

□ ⑨ $\dfrac{13}{21} - \dfrac{3}{7} =$

□ ⑩ $\dfrac{19}{24} - \dfrac{1}{4} =$

□ ⑪ $\dfrac{13}{14} - \dfrac{3}{7} =$

□ ⑫ $\dfrac{13}{32} - \dfrac{3}{8} =$

□ ⑬ $\dfrac{9}{11} - \dfrac{1}{2} =$

□ ⑭ $\dfrac{25}{28} - \dfrac{3}{4} =$

復習 分数の引き算も足し算と同様に，まずは通分をしてから分子を引き算します。
　　（例）$\dfrac{4}{5} - \dfrac{1}{2} = \dfrac{8}{10} - \dfrac{5}{10} = \dfrac{3}{10}$

□ ⑮ $4 - \dfrac{11}{12} =$

□ ⑯ $\dfrac{3}{10} - \dfrac{1}{6} =$

□ ⑰ $\dfrac{19}{22} - \dfrac{1}{2} =$

□ ⑱ $\dfrac{19}{25} - \dfrac{3}{10} =$

□ ⑲ $\dfrac{23}{15} - \dfrac{7}{10} =$

□ ⑳ $\dfrac{19}{15} - \dfrac{5}{12} =$

□ ㉑ $\dfrac{21}{14} - \dfrac{10}{21} =$

□ ㉒ $\dfrac{13}{18} - \dfrac{5}{14} =$

□ ㉓ $\dfrac{32}{3} - 5 =$

□ ㉔ $\dfrac{15}{14} - \dfrac{11}{16} =$

□ ㉕ $\dfrac{19}{26} - \dfrac{7}{10} =$

□ ㉖ $\dfrac{41}{52} - \dfrac{5}{12} =$

□ ㉗ $\dfrac{13}{22} - \dfrac{5}{14} =$

□ ㉘ $\dfrac{12}{33} - \dfrac{2}{7} =$

□ ㉙ $\dfrac{25}{26} - \dfrac{5}{6} =$

□ ㉚ $\dfrac{15}{32} - \dfrac{3}{40} =$

算数 まめ知識 ▷ ノーベル賞には物理学部門はありますが，数学部門はありません。数学の国際的なコンクールにはフィールズ賞があり，「数学のノーベル賞」ともいわれています。日本人では過去3名が受賞しています。

③ 分数のかけ算

◆ 次の計算をしましょう。計算結果は最後まで約分しましょう。

□ ① $\dfrac{2}{3} \times \dfrac{1}{5} =$

□ ② $\dfrac{2}{11} \times \dfrac{6}{7} =$

□ ③ $\dfrac{2}{9} \times \dfrac{2}{3} =$

□ ④ $\dfrac{4}{7} \times \dfrac{2}{3} =$

□ ⑤ $\dfrac{5}{7} \times 7 =$

□ ⑥ $\dfrac{6}{5} \times \dfrac{4}{3} =$

□ ⑦ $\dfrac{7}{12} \times \dfrac{11}{3} =$

□ ⑧ $27 \times \dfrac{5}{9} =$

□ ⑨ $\dfrac{15}{8} \times \dfrac{3}{13} =$

□ ⑩ $\dfrac{19}{10} \times \dfrac{20}{19} =$

□ ⑪ $\dfrac{4}{15} \times 27 =$

□ ⑫ $\dfrac{3}{11} \times \dfrac{7}{4} =$

□ ⑬ $\dfrac{13}{8} \times \dfrac{9}{10} =$

□ ⑭ $\dfrac{2}{11} \times \dfrac{33}{10} =$

復習　分数のかけ算は分子どうし，分母どうしをかけて計算します。

（例）$\dfrac{3}{5} \times \dfrac{7}{2} = \dfrac{3 \times 7}{5 \times 2} = \dfrac{21}{10}$

□ ⑮ $\dfrac{30}{7} \times \dfrac{14}{15} =$ □ ⑯ $\dfrac{17}{50} \times \dfrac{5}{2} =$

□ ⑰ $\dfrac{5}{13} \times \dfrac{2}{7} =$ □ ⑱ $\dfrac{9}{20} \times \dfrac{5}{12} =$

□ ⑲ $\dfrac{24}{15} \times \dfrac{10}{13} =$ □ ⑳ $\dfrac{7}{12} \times \dfrac{5}{12} =$

□ ㉑ $\dfrac{70}{27} \times \dfrac{33}{35} =$ □ ㉒ $\dfrac{6}{5} \times \dfrac{20}{9} =$

□ ㉓ $\dfrac{15}{14} \times \dfrac{28}{45} =$ □ ㉔ $100 \times \dfrac{4}{25} =$

□ ㉕ $\dfrac{25}{49} \times \dfrac{21}{50} =$ □ ㉖ $\dfrac{26}{27} \times \dfrac{81}{52} =$

□ ㉗ $\dfrac{11}{31} \times \dfrac{19}{22} =$ □ ㉘ $\dfrac{21}{10} \times \dfrac{15}{14} =$

□ ㉙ $\dfrac{28}{13} \times \dfrac{78}{7} =$ □ ㉚ $\dfrac{121}{15} \times \dfrac{35}{242} =$

算数
まめ知識 ▷ 他の金属が含まれていない純金を 24 カラット，24 金と表現します。カラットは金が含まれる割合を表す単位です。金の純度は 24 分率で示されるので，18 金の場合は「24 分の18」の割合，つまり金の含有量が 75％ということになります。

4 分数の割り算

◆ 次の計算をしましょう。計算結果は最後まで約分しましょう。

□ ① $\dfrac{1}{2} \div 2 =$

□ ② $\dfrac{2}{9} \div \dfrac{5}{4} =$

□ ③ $\dfrac{2}{21} \div \dfrac{3}{5} =$

□ ④ $\dfrac{4}{5} \div 2 =$

□ ⑤ $\dfrac{2}{9} \div \dfrac{4}{5} =$

□ ⑥ $\dfrac{15}{8} \div \dfrac{5}{2} =$

□ ⑦ $\dfrac{5}{6} \div 10 =$

□ ⑧ $\dfrac{6}{11} \div \dfrac{3}{8} =$

□ ⑨ $\dfrac{19}{5} \div \dfrac{38}{7} =$

□ ⑩ $\dfrac{3}{2} \div \dfrac{13}{3} =$

□ ⑪ $\dfrac{3}{13} \div \dfrac{27}{26} =$

□ ⑫ $\dfrac{9}{4} \div \dfrac{21}{8} =$

□ ⑬ $\dfrac{28}{3} \div \dfrac{7}{5} =$

□ ⑭ $\dfrac{8}{11} \div \dfrac{3}{5} =$

復習 割る数が分数のときは，逆数（分母と分子を入れ替えた数）をかけて計算します。

（例） $\dfrac{1}{2} \div \dfrac{2}{3} = \dfrac{1}{2} \times \dfrac{3}{2} = \dfrac{3}{4}$

□⑮ $\dfrac{8}{49} \div \dfrac{32}{7} =$

□⑯ $\dfrac{25}{4} \div 75 =$

□⑰ $15 \div \dfrac{3}{4} =$

□⑱ $\dfrac{4}{21} \div \dfrac{26}{7} =$

□⑲ $\dfrac{36}{5} \div 12 =$

□⑳ $\dfrac{21}{11} \div \dfrac{42}{11} =$

□㉑ $\dfrac{14}{51} \div \dfrac{42}{17} =$

□㉒ $68 \div \dfrac{34}{19} =$

□㉓ $169 \div \dfrac{13}{9} =$

□㉔ $\dfrac{49}{36} \div \dfrac{42}{81} =$

□㉕ $42 \div \dfrac{24}{5} =$

□㉖ $\dfrac{38}{19} \div \dfrac{20}{27} =$

□㉗ $\dfrac{72}{13} \div \dfrac{36}{65} =$

□㉘ $\dfrac{23}{28} \div \dfrac{46}{49} =$

□㉙ $\dfrac{54}{15} \div \dfrac{36}{11} =$

□㉚ $\dfrac{46}{57} \div \dfrac{23}{19} =$

| 算数 まめ知識 | 1mは，はじめ地球の子午線の北極から赤道までの距離の1000万分の1の長さとして定義されました。現在は，科学の進展にともなってより厳密に，真空中の光の速さをもとにして定義されています。 |

◆ ☐ にあてはまる数を計算しましょう。計算結果は最後まで約分しましょう。

☐ ① $3 + \dfrac{5}{2} = $ ☐

☐ ② $\dfrac{7}{3} + \dfrac{1}{4} = $ ☐

☐ ③ $7 - \dfrac{47}{8} = $ ☐

☐ ④ $\dfrac{3}{2} - \dfrac{13}{11} = $ ☐

☐ ⑤ $\dfrac{5}{12} + $ ☐ $= \dfrac{31}{12}$

☐ ⑥ $\dfrac{1}{6} + \dfrac{19}{12} = $ ☐

☐ ⑦ ☐ $- \dfrac{11}{4} = \dfrac{25}{4}$

☐ ⑧ ☐ $+ \dfrac{4}{11} = \dfrac{41}{22}$

☐ ⑨ $\dfrac{5}{4} - \dfrac{1}{12} = $ ☐

☐ ⑩ ☐ $+ \dfrac{11}{6} = \dfrac{67}{12}$

☐ ⑪ $\dfrac{11}{9} - $ ☐ $= \dfrac{35}{36}$

☐ ⑫ $\dfrac{17}{3} + \dfrac{5}{4} = $ ☐

☐ ⑬ $\dfrac{30}{11} - \dfrac{43}{44} = $ ☐

☐ ⑭ $\dfrac{17}{5} + \dfrac{2}{7} = $ ☐

復習 このドリルでは扱いませんが，小学校の算数では $1\dfrac{1}{2}$ のように整数がつく「帯分数」を習います。$1\dfrac{1}{2}$ は $1 + \dfrac{1}{2}$，つまり $\dfrac{3}{2}$ です。このような分母より分子の数が大きい分数を「仮分数」といいます。

□ ⑮ $\boxed{} - \dfrac{41}{15} = \dfrac{29}{15}$

□ ⑯ $\dfrac{12}{5} + \boxed{} = \dfrac{7}{2}$

□ ⑰ $\boxed{} - \dfrac{17}{18} = \dfrac{13}{6}$

□ ⑱ $\dfrac{7}{5} + \dfrac{11}{4} = \boxed{}$

□ ⑲ $\dfrac{49}{15} - \boxed{} = \dfrac{8}{3}$

□ ⑳ $\dfrac{16}{5} + \boxed{} = \dfrac{82}{25}$

□ ㉑ $\boxed{} - \dfrac{7}{12} = \dfrac{9}{4}$

□ ㉒ $\dfrac{11}{4} - \boxed{} = \dfrac{45}{44}$

□ ㉓ $\dfrac{21}{8} + \dfrac{17}{12} = \boxed{}$

□ ㉔ $\boxed{} - \dfrac{15}{4} = \dfrac{21}{20}$

□ ㉕ $\dfrac{13}{5} - \boxed{} = \dfrac{76}{35}$

□ ㉖ $\boxed{} - \dfrac{32}{15} = \dfrac{27}{10}$

□ ㉗ $\dfrac{13}{12} + \boxed{} = \dfrac{37}{28}$

□ ㉘ $\boxed{} - \dfrac{13}{6} = \dfrac{37}{30}$

□ ㉙ $\dfrac{15}{14} + \dfrac{2}{21} = \boxed{}$

□ ㉚ $\dfrac{1}{45} + \dfrac{23}{18} = \boxed{}$

算数 まめ知識	日本の紙幣には，「記番号」と呼ばれる「アルファベット１字or２字＋数字６桁＋アルファベット１字」の組み合わせが印字されています（アルファベットは１と０を除く）。この組み合わせは全部で 129 億 6 千万通りになります。

◆ □ にあてはまる数を計算しましょう。計算結果は最後まで約分しましょう。

□① $\dfrac{4}{3} \times \dfrac{1}{5} = $

□② $\dfrac{9}{8} \times \dfrac{3}{2} = $

□③ $5 \div \dfrac{16}{7} = $

□④ $\dfrac{1}{8} \div \dfrac{3}{2} = $

□⑤ $\boxed{} \times \dfrac{5}{3} = \dfrac{5}{6}$

□⑥ $\dfrac{16}{5} \div \boxed{} = 8$

□⑦ $\dfrac{3}{2} \div \boxed{} = \dfrac{15}{4}$

□⑧ $\boxed{} \times \dfrac{8}{3} = \dfrac{4}{5}$

□⑨ $\dfrac{22}{5} \div \boxed{} = \dfrac{3}{2}$

□⑩ $\dfrac{9}{4} \times \boxed{} = \dfrac{81}{28}$

□⑪ $\boxed{} \div \dfrac{12}{7} = \dfrac{7}{9}$

□⑫ $\dfrac{21}{10} \times \boxed{} = \dfrac{18}{5}$

□⑬ $\boxed{} \times \dfrac{5}{4} = \dfrac{25}{9}$

□⑭ $\dfrac{4}{3} \div \boxed{} = \dfrac{6}{5}$

□ ⑮ $\boxed{} \div \dfrac{19}{7} = \dfrac{7}{10}$

□ ⑯ $\dfrac{4}{3} \times \boxed{} = \dfrac{28}{15}$

□ ⑰ $\boxed{} \div \dfrac{7}{6} = \dfrac{22}{7}$

□ ⑱ $\dfrac{7}{5} \times \dfrac{11}{4} = \boxed{}$

□ ⑲ $\dfrac{13}{4} \times \boxed{} = \dfrac{13}{14}$

□ ⑳ $\boxed{} \div \dfrac{11}{8} = \dfrac{52}{33}$

□ ㉑ $\boxed{} \times \dfrac{38}{5} = \dfrac{57}{25}$

□ ㉒ $\dfrac{22}{9} \times \boxed{} = \dfrac{77}{15}$

□ ㉓ $\dfrac{27}{4} \div \boxed{} = 7$

□ ㉔ $\dfrac{13}{5} \div \dfrac{6}{25} = \boxed{}$

□ ㉕ $\boxed{} \times \dfrac{11}{3} = \dfrac{55}{27}$

□ ㉖ $\boxed{} \div \dfrac{16}{7} = \dfrac{7}{10}$

□ ㉗ $\dfrac{8}{5} \times \boxed{} = \dfrac{24}{55}$

□ ㉘ $\dfrac{26}{3} \div \boxed{} = 10$

□ ㉙ $\boxed{} \times \dfrac{6}{5} = \dfrac{9}{2}$

□ ㉚ $\boxed{} \div \dfrac{8}{3} = \dfrac{11}{10}$

算数
まめ知識 ▶ スマホに保存されている曲が200曲あり，1日に10曲聴くとします。シャッフル再生したとき2日連続で同じ曲を聴く確率はどのくらいになると思いますか？計算すると約41％，意外と高い確率であることが分かります。

◆ 次の計算をしましょう。計算結果は最後まで約分しましょう。

□ ① $\dfrac{1}{2} + \dfrac{1}{4} + \dfrac{1}{6} =$

□ ② $\dfrac{1}{2} - \dfrac{1}{4} - \dfrac{1}{6} =$

□ ③ $\dfrac{1}{3} \times \dfrac{6}{7} \times \dfrac{9}{2} =$

□ ④ $\dfrac{1}{2} \div \dfrac{1}{4} \div \dfrac{15}{16} =$

□ ⑤ $\dfrac{1}{5} + \dfrac{7}{8} - \dfrac{1}{4} =$

□ ⑥ $\dfrac{11}{12} - \dfrac{3}{8} + \dfrac{13}{6} =$

□ ⑦ $\dfrac{5}{9} \times \dfrac{3}{4} \div \dfrac{3}{40} =$

□ ⑧ $\dfrac{7}{16} - \dfrac{3}{16} \times \dfrac{4}{21} =$

□ ⑨ $\dfrac{8}{3} + \dfrac{2}{9} \div \dfrac{4}{3} =$

□ ⑩ $\dfrac{9}{10} \times \dfrac{25}{7} - \dfrac{3}{14} =$

□ ⑪ $0.6 + \dfrac{2}{3} =$

□ ⑫ $5.8 + \dfrac{16}{7} =$

□ ⑬ $1.2 - \dfrac{4}{5} =$

□ ⑭ $\dfrac{52}{11} - 2.4 =$

復習 小数と分数が混ざっている場合は，どちらかにそろえて計算します。ただし，小数は必ず分数に変換できますが，分数はいつも小数に変換できるとは限らないので，注意が必要です。

□ ⑮ $4 \times \left(\dfrac{5}{16} - \dfrac{1}{8} \right) =$

□ ⑯ $\dfrac{7}{11} + \dfrac{4}{11} \times \dfrac{77}{8} =$

□ ⑰ $\dfrac{40}{63} \times \dfrac{7}{80} + 0.9 =$

□ ⑱ $\left(\dfrac{7}{10} + \dfrac{9}{20} \right) \times 40 =$

□ ⑲ $6 + \dfrac{9}{7} \times \dfrac{11}{54} =$

□ ⑳ $\dfrac{34}{35} \times \dfrac{14}{17} \div \dfrac{96}{45} =$

□ ㉑ $\dfrac{5}{4} \times \dfrac{32}{15} + 4.2 =$

□ ㉒ $\dfrac{21}{44} \div \left(\dfrac{29}{7} - \dfrac{9}{14} \right) =$

□ ㉓ $\left(\dfrac{8}{21} - \dfrac{1}{3} \right) \div \dfrac{15}{14} =$

□ ㉔ $\dfrac{13}{36} \times 12 - \dfrac{31}{9} =$

□ ㉕ $0.3 + \dfrac{13}{6} \times \dfrac{3}{26} =$

□ ㉖ $\dfrac{18}{13} \times \dfrac{80}{11} \div \dfrac{45}{26} =$

□ ㉗ $\dfrac{38}{15} \div \left(\dfrac{19}{6} - 0.4 \right) =$

□ ㉘ $\dfrac{70}{13} \div \dfrac{7}{4} + \dfrac{11}{26} =$

□ ㉙ $\left(\dfrac{41}{8} + 1.25 \right) \times \dfrac{47}{102} =$

□ ㉚ $\dfrac{4}{17} \div \dfrac{88}{85} \times \dfrac{11}{40} =$

算数
まめ知識 ▷ A 地点と B 地点を，行きは時速 8km，帰りは時速 12km で往復しました。往復の平均速度は？ （8+12）÷2=10 で，時速 10km…ではありません。正解は時速 9.6km です。両地点の距離を仮に 24km として計算してみましょう。

8 | 分数の四則混合②

◆ 次の計算をしましょう。計算結果は最後まで約分しましょう。

□① $\dfrac{25}{6} + \dfrac{11}{24} - \dfrac{1}{4} \div \dfrac{1}{9} =$

□② $\dfrac{13}{9} \times \dfrac{27}{4} - 5 \div \dfrac{15}{14} =$

□③ $6 - \left(\dfrac{15}{4} - \dfrac{4}{9} \right) \times \dfrac{12}{7} =$

□④ $\dfrac{14}{25} \div \dfrac{3}{10} - \dfrac{19}{45} - \dfrac{4}{9} =$

□⑤ $\dfrac{37}{35} - \left(\dfrac{18}{5} - \dfrac{19}{15} \right) \div \dfrac{49}{18} =$

□⑥ $\dfrac{3}{2} \times 6 - 4 \div \dfrac{48}{5} =$

□⑦ $\left(1.7 - \dfrac{4}{3} \right) \times \dfrac{15}{22} + 1.25 =$

□⑧ $\dfrac{39}{40} \times \dfrac{64}{13} \div \dfrac{15}{8} - \dfrac{2}{5} =$

□⑨ $\left(\dfrac{7}{8} \div \dfrac{42}{5} + \dfrac{7}{12} \right) \times \dfrac{12}{11} =$

□⑩ $\dfrac{13}{100} + \dfrac{7}{10} \times \dfrac{11}{10} - \dfrac{3}{10} =$

□⑪ $\dfrac{25}{6} \times \dfrac{7}{8} - \dfrac{19}{6} \div \dfrac{8}{7} =$

□⑫ $\dfrac{3}{86} \times \left(\dfrac{9}{5} \div \dfrac{27}{50} + 0.25 \right) =$

□⑬ $\dfrac{5}{72} \div \left(6 - \dfrac{81}{80} \times \dfrac{20}{9} \right) =$

□⑭ $\dfrac{23}{5} \div \dfrac{41}{2} + \dfrac{18}{5} \times \dfrac{2}{41} =$

□⑮ $\dfrac{1}{2} - \dfrac{1}{8} + \dfrac{7}{4} + \dfrac{9}{16} =$

□⑯ $\dfrac{99}{4} \div \left(\dfrac{39}{14} + \dfrac{12}{7} - 4.25 \right) =$

□⑰ $\dfrac{3}{2} \div \dfrac{10}{7} - \dfrac{4}{15} \times \dfrac{1}{2} =$

□⑱ $\left(\dfrac{9}{5} + \dfrac{2}{3} \right) \div \dfrac{37}{5} + \dfrac{5}{3} =$

□⑲ $3.7 + \dfrac{2}{9} \times \dfrac{18}{5} - 1.5 =$

□⑳ $\dfrac{1}{4} \times \left(\dfrac{3}{2} + \dfrac{3}{10} \right) \times \dfrac{80}{27} =$

□㉑ $\dfrac{8}{7} \times \dfrac{1}{2} + \dfrac{6}{7} \times \dfrac{1}{2} =$

□㉒ $\left(\dfrac{36}{25} \times \dfrac{5}{8} + \dfrac{41}{10} \right) \times \dfrac{9}{100} =$

□㉓ $\left(\dfrac{29}{8} - 0.4 \right) \div \dfrac{3}{20} + \dfrac{1}{2} =$

□㉔ $\left(0.65 + \dfrac{3}{10} \right) \div \dfrac{19}{4} + 0.7 =$

□㉕ $\dfrac{37}{4} \times \dfrac{8}{9} \times \dfrac{1}{74} + \dfrac{44}{9} =$

□㉖ $\dfrac{27}{11} \div \dfrac{9}{44} \times \dfrac{11}{36} - 2.5 =$

□㉗ $\left(\dfrac{15}{4} \div \dfrac{9}{7} + \dfrac{5}{6} \right) \div \dfrac{3}{20} =$

□㉘ $4.8 - \dfrac{3}{10} - \dfrac{40}{81} \times \dfrac{27}{5} =$

□㉙ $\dfrac{100}{47} \div \dfrac{5}{94} \times \dfrac{1}{80} + 0.35 =$

□㉚ $\left(\dfrac{54}{55} \times \dfrac{5}{6} + \dfrac{13}{11} \right) \times \dfrac{3}{2} =$

3 章

算数 まめ知識	足し算で使う「+」は，どうしてこの記号なのでしょうか。その昔，足し算はラテン語で「〜と」という意味の「et」という文字で表していました。一説には，+は「et」を簡略化したものといわれています。

① 分数の足し算

① $\dfrac{3}{5}$ ② $\dfrac{2}{3}$ ③ $\dfrac{19}{21}$ ④ $\dfrac{32}{33}$

⑤ $\dfrac{5}{6}$ ⑥ $\dfrac{9}{10}$ ⑦ $\dfrac{7}{22}$ ⑧ $\dfrac{11}{12}$

⑨ $\dfrac{39}{40}$ ⑩ $\dfrac{33}{91}$ ⑪ $\dfrac{23}{36}$ ⑫ $\dfrac{49}{150}$

⑬ $\dfrac{1}{2}$ ⑭ $\dfrac{9}{10}$ ⑮ $\dfrac{7}{4}$ ⑯ $\dfrac{19}{21}$

⑰ $\dfrac{15}{8}$ ⑱ $\dfrac{10}{9}$ ⑲ $\dfrac{17}{30}$ ⑳ $\dfrac{125}{72}$

㉑ $\dfrac{14}{3}$ ㉒ $\dfrac{11}{8}$ ㉓ $\dfrac{13}{15}$ ㉔ $\dfrac{52}{21}$

㉕ $\dfrac{19}{10}$ ㉖ $\dfrac{12}{7}$ ㉗ $\dfrac{37}{30}$ ㉘ $\dfrac{32}{45}$

㉙ $\dfrac{9}{28}$ ㉚ $\dfrac{29}{24}$

② 分数の引き算

① $\dfrac{1}{7}$ ② $\dfrac{6}{25}$ ③ $\dfrac{1}{28}$ ④ $\dfrac{19}{36}$

⑤ $\dfrac{1}{10}$ ⑥ $\dfrac{1}{3}$ ⑦ $\dfrac{17}{24}$ ⑧ $\dfrac{1}{4}$

⑨ $\dfrac{4}{21}$ ⑩ $\dfrac{13}{24}$ ⑪ $\dfrac{1}{2}$ ⑫ $\dfrac{1}{32}$

⑬ $\dfrac{7}{22}$ ⑭ $\dfrac{1}{7}$ ⑮ $\dfrac{37}{12}$ ⑯ $\dfrac{2}{15}$

⑰ $\dfrac{4}{11}$ ⑱ $\dfrac{23}{50}$ ⑲ $\dfrac{5}{6}$ ⑳ $\dfrac{17}{20}$

㉑ $\dfrac{43}{42}$ ㉒ $\dfrac{23}{63}$ ㉓ $\dfrac{17}{3}$ ㉔ $\dfrac{43}{112}$

㉕ $\dfrac{2}{65}$ ㉖ $\dfrac{29}{78}$ ㉗ $\dfrac{18}{77}$ ㉘ $\dfrac{6}{77}$

㉙ $\dfrac{5}{39}$ ㉚ $\dfrac{63}{160}$

③ 分数のかけ算

① $\dfrac{2}{15}$ ② $\dfrac{12}{77}$ ③ $\dfrac{4}{27}$ ④ $\dfrac{8}{21}$

⑤ 5 ⑥ $\dfrac{8}{5}$ ⑦ $\dfrac{77}{36}$ ⑧ 15

⑨ $\dfrac{45}{104}$ ⑩ 2 ⑪ $\dfrac{36}{5}$ ⑫ $\dfrac{21}{44}$

⑬ $\dfrac{117}{80}$ ⑭ $\dfrac{3}{5}$ ⑮ 4 ⑯ $\dfrac{17}{20}$

⑰ $\dfrac{10}{91}$ ⑱ $\dfrac{3}{16}$ ⑲ $\dfrac{16}{13}$ ⑳ $\dfrac{35}{144}$

㉑ $\dfrac{22}{9}$ ㉒ $\dfrac{8}{3}$ ㉓ $\dfrac{2}{3}$ ㉔ 16

㉕ $\dfrac{3}{14}$ ㉖ $\dfrac{3}{2}$ ㉗ $\dfrac{19}{62}$ ㉘ $\dfrac{9}{4}$

㉙ 24 ㉚ $\dfrac{7}{6}$

④ 分数の割り算

① $\dfrac{1}{4}$ ② $\dfrac{8}{45}$ ③ $\dfrac{10}{63}$ ④ $\dfrac{2}{5}$

⑤ $\dfrac{5}{18}$ ⑥ $\dfrac{3}{4}$ ⑦ $\dfrac{1}{12}$ ⑧ $\dfrac{16}{11}$

⑨ $\dfrac{7}{10}$ ⑩ $\dfrac{9}{26}$ ⑪ $\dfrac{2}{9}$ ⑫ $\dfrac{6}{7}$

⑬ $\dfrac{20}{3}$ ⑭ $\dfrac{40}{33}$ ⑮ $\dfrac{1}{28}$ ⑯ $\dfrac{1}{12}$

⑰ 20 ⑱ $\dfrac{2}{39}$ ⑲ $\dfrac{3}{5}$ ⑳ $\dfrac{1}{2}$

㉑ $\dfrac{1}{9}$ ㉒ 38 ㉓ 117 ㉔ $\dfrac{21}{8}$

㉕ $\dfrac{35}{4}$ ㉖ $\dfrac{27}{10}$ ㉗ 10 ㉘ $\dfrac{7}{8}$

㉙ $\dfrac{11}{10}$ ㉚ $\dfrac{2}{3}$

5 分数＋分数，分数－分数

① $\dfrac{11}{2}$　② $\dfrac{31}{12}$　③ $\dfrac{9}{8}$　④ $\dfrac{7}{22}$

⑤ $\dfrac{13}{6}$　⑥ $\dfrac{7}{4}$　⑦ 9　⑧ $\dfrac{3}{2}$

⑨ $\dfrac{7}{6}$　⑩ $\dfrac{15}{4}$　⑪ $\dfrac{1}{4}$　⑫ $\dfrac{83}{12}$

⑬ $\dfrac{7}{4}$　⑭ $\dfrac{129}{35}$　⑮ $\dfrac{14}{3}$　⑯ $\dfrac{11}{10}$

⑰ $\dfrac{28}{9}$　⑱ $\dfrac{83}{20}$　⑲ $\dfrac{3}{5}$　⑳ $\dfrac{2}{25}$

㉑ $\dfrac{17}{6}$　㉒ $\dfrac{19}{11}$　㉓ $\dfrac{97}{24}$　㉔ $\dfrac{24}{5}$

㉕ $\dfrac{3}{7}$　㉖ $\dfrac{29}{6}$　㉗ $\dfrac{5}{21}$　㉘ $\dfrac{17}{5}$

㉙ $\dfrac{7}{6}$　㉚ $\dfrac{13}{10}$

⑤ $\dfrac{5}{12}+\square=\dfrac{31}{12}$　　$\square=\dfrac{31}{12}-\dfrac{5}{12}=\dfrac{26}{12}=\dfrac{13}{6}$

⑩ $\square+\dfrac{11}{6}=\dfrac{67}{12}$

$\square=\dfrac{67}{12}-\dfrac{11}{6}=\dfrac{67}{12}-\dfrac{22}{12}=\dfrac{45}{12}=\dfrac{15}{4}$

⑪ $\dfrac{11}{9}-\square=\dfrac{35}{36}$

$\square=\dfrac{11}{9}-\dfrac{35}{36}=\dfrac{44}{36}-\dfrac{35}{36}=\dfrac{9}{36}=\dfrac{1}{4}$

㉑ $\square-\dfrac{7}{12}=\dfrac{9}{4}$

$\square=\dfrac{9}{4}+\dfrac{7}{12}=\dfrac{27}{12}+\dfrac{7}{12}=\dfrac{34}{12}=\dfrac{17}{6}$

6 分数×分数，分数÷分数

① $\dfrac{4}{15}$　② $\dfrac{27}{16}$　③ $\dfrac{35}{16}$　④ $\dfrac{1}{12}$

⑤ $\dfrac{1}{2}$　⑥ $\dfrac{2}{5}$　⑦ $\dfrac{2}{5}$　⑧ $\dfrac{3}{10}$

⑨ $\dfrac{44}{15}$　⑩ $\dfrac{9}{7}$　⑪ $\dfrac{4}{3}$　⑫ $\dfrac{12}{7}$

⑬ $\dfrac{20}{9}$　⑭ $\dfrac{10}{9}$　⑮ $\dfrac{19}{10}$　⑯ $\dfrac{7}{5}$

⑰ $\dfrac{11}{3}$　⑱ $\dfrac{77}{20}$　⑲ $\dfrac{2}{7}$　⑳ $\dfrac{13}{6}$

㉑ $\dfrac{3}{10}$　㉒ $\dfrac{21}{10}$　㉓ $\dfrac{27}{28}$　㉔ $\dfrac{65}{6}$

㉕ $\dfrac{5}{9}$　㉖ $\dfrac{8}{5}$　㉗ $\dfrac{3}{11}$　㉘ $\dfrac{13}{15}$

㉙ $\dfrac{15}{4}$　㉚ $\dfrac{44}{15}$

⑤ $\square\times\dfrac{5}{3}=\dfrac{5}{6}$　　$\square=\dfrac{5}{6}\div\dfrac{5}{3}=\dfrac{5}{6}\times\dfrac{3}{5}=\dfrac{1}{2}$

⑭ $\dfrac{4}{3}\div\square=\dfrac{6}{5}$　　$\square=\dfrac{4}{3}\div\dfrac{6}{5}=\dfrac{4}{3}\times\dfrac{5}{6}=\dfrac{10}{9}$

⑰ $\square\div\dfrac{7}{6}=\dfrac{22}{7}$　　$\square=\dfrac{7}{6}\times\dfrac{22}{7}=\dfrac{11}{3}$

㉒ $\dfrac{22}{9}\times\square=\dfrac{77}{15}$

$\square=\dfrac{77}{15}\div\dfrac{22}{9}=\dfrac{77}{15}\times\dfrac{9}{22}=\dfrac{21}{10}$

㉘ $\dfrac{26}{3}\div\square=10$

$\square=\dfrac{26}{3}\div 10=\dfrac{26}{3}\times\dfrac{1}{10}=\dfrac{13}{15}$

分数の四則混合①

① $\dfrac{11}{12}$　② $\dfrac{1}{12}$　③ $\dfrac{9}{7}$　④ $\dfrac{32}{15}$

⑤ $\dfrac{33}{40}$　⑥ $\dfrac{65}{24}$　⑦ $\dfrac{50}{9}$　⑧ $\dfrac{45}{112}$

⑨ $\dfrac{17}{6}$　⑩ 3　⑪ $\dfrac{19}{15}$　⑫ $\dfrac{283}{35}$

⑬ $\dfrac{2}{5}$ (0.4)　⑭ $\dfrac{128}{55}$　⑮ $\dfrac{3}{4}$　⑯ $\dfrac{91}{22}$

⑰ $\dfrac{43}{45}$　⑱ 46　⑲ $\dfrac{263}{42}$　⑳ $\dfrac{3}{8}$

㉑ $\dfrac{103}{15}$　㉒ $\dfrac{3}{22}$　㉓ $\dfrac{2}{45}$　㉔ $\dfrac{8}{9}$

㉕ $\dfrac{11}{20}$ (0.55)　㉖ $\dfrac{64}{11}$　㉗ $\dfrac{76}{83}$　㉘ $\dfrac{7}{2}$

㉙ $\dfrac{47}{16}$　㉚ $\dfrac{1}{16}$

⑨ $\dfrac{8}{3}+\dfrac{2}{9}\div\dfrac{4}{3}=\dfrac{8}{3}+\dfrac{2}{9}\times\dfrac{3}{4}=\dfrac{8}{3}+\dfrac{1}{6}$

$=\dfrac{16}{6}+\dfrac{1}{6}=\dfrac{17}{6}$

⑪ $0.6+\dfrac{2}{3}=\dfrac{3}{5}+\dfrac{2}{3}=\dfrac{9}{15}+\dfrac{10}{15}=\dfrac{19}{15}$

⑱ $\left(\dfrac{7}{10}+\dfrac{9}{20}\right)\times40=\dfrac{7}{10}\times40+\dfrac{9}{20}\times40$

$=28+18=46$

㉗ $\dfrac{38}{15}\div\left(\dfrac{19}{6}-0.4\right)=\dfrac{38}{15}\div\left(\dfrac{19}{6}-\dfrac{2}{5}\right)$

$=\dfrac{38}{15}\div\left(\dfrac{95}{30}-\dfrac{12}{30}\right)=\dfrac{38}{15}\div\dfrac{83}{30}=\dfrac{38}{15}\times\dfrac{30}{83}$

$=\dfrac{76}{83}$

⑧ 分数の四則混合②

① $\dfrac{19}{8}$　② $\dfrac{61}{12}$　③ $\dfrac{1}{3}$　④ 1

⑤ $\dfrac{1}{5}$　⑥ $\dfrac{103}{12}$　⑦ $\dfrac{3}{2}$ (1.5)　⑧ $\dfrac{54}{25}$

⑨ $\dfrac{3}{4}$　⑩ $\dfrac{3}{5}$ (0.6)　⑪ $\dfrac{7}{8}$　⑫ $\dfrac{1}{8}$

⑬ $\dfrac{1}{54}$　⑭ $\dfrac{2}{5}$　⑮ $\dfrac{43}{16}$　⑯ 99

⑰ $\dfrac{11}{12}$　⑱ 2　⑲ 3　⑳ $\dfrac{4}{3}$

㉑ 1　㉒ $\dfrac{9}{20}$　㉓ 22　㉔ $\dfrac{9}{10}$ (0.9)

㉕ 5　㉖ $\dfrac{7}{6}$　㉗ 25　㉘ $\dfrac{11}{6}$

㉙ $\dfrac{17}{20}$ (0.85)　㉚ 3

⑥ $\dfrac{3}{2}\times6-4\div\dfrac{48}{5}=\dfrac{3}{2}\times6-4\times\dfrac{5}{48}$

$=9-\dfrac{5}{12}=\dfrac{108}{12}-\dfrac{5}{12}=\dfrac{103}{12}$

⑪ $\dfrac{25}{6}\times\dfrac{7}{8}-\dfrac{19}{6}\div\dfrac{8}{7}=\dfrac{25}{6}\times\dfrac{7}{8}-\dfrac{19}{6}\times\dfrac{7}{8}$

$=\left(\dfrac{25}{6}-\dfrac{19}{6}\right)\times\dfrac{7}{8}=\dfrac{6}{6}\times\dfrac{7}{8}=\dfrac{7}{8}$

㉒ $\left(\dfrac{36}{25}\times\dfrac{5}{8}+\dfrac{41}{10}\right)\times\dfrac{9}{100}=\left(\dfrac{9}{10}+\dfrac{41}{10}\right)\times\dfrac{9}{100}$

$=\dfrac{50}{10}\times\dfrac{9}{100}=\dfrac{9}{20}$

㉗ $\left(\dfrac{15}{4}\div\dfrac{9}{7}+\dfrac{5}{6}\right)\div\dfrac{3}{20}=\left(\dfrac{15}{4}\times\dfrac{7}{9}+\dfrac{5}{6}\right)\div\dfrac{3}{20}$

$=\left(\dfrac{35}{12}+\dfrac{10}{12}\right)\div\dfrac{3}{20}=\dfrac{45}{12}\times\dfrac{20}{3}=25$

IV

生活の中で実践！

【例題】

同じＴシャツが，東市と西市のお店で，次の売値で売られていました。

　東市のお店・・・定価3000円のところ，定価の2割引き

　西市のお店・・・定価3200円のところ，定価の30％引き

どちらのお店で買う方が何円安く買えるでしょうか。

【考え方】

東市のお店のＴシャツの売値は，定価3000円の2割引きだから，

定価の8割の値段になるので，

　3000 × 0.8 = 2400（円）

西市のお店のＴシャツの売値は，定価3200円の30％引きだから，

定価の70％の値段になるので，

　3200 × 0.7 = 2240（円）

東市のお店で2400円，西市のお店で2240円なので，**西市のお店**で買う方が，2400 − 2240 = <u>160（円）</u>安く買うことができます。

「定価の2割引き」は「定価の8割」と同じということをおさえておきましょう。

◆同じお菓子の詰め合わせが次の売値で売られていました。どちらのお店で買う方が何円安く買えるでしょうか。

□　　A店・・・定価2500円のところ，定価の15％引き

　　　B店・・・定価2800円のところ，定価の7割8分

【答え】　　　　　　　店で買う方が　　　　　　円安い

伸びた割合が大きいのはどっち？

例題

AさんとBさんの小学1年生のときと20才のときの身長は，それぞれ次の表のとおりです。

	小学1年生	20才
Aさん	117.5cm	169.2cm
Bさん	115.0cm	167.9cm

身長が伸びた割合が大きいのはどちらでしょうか。百分率で比べましょう。

考え方

小学1年生の身長を「もとにする量」，20才の身長を「比べる量」として，それぞれの身長が伸びた割合を求めます。

（割合）＝（比べる量）÷（もとにする量）より，

Aさん　169.2 ÷ 117.5 ＝ 1.44 → 144%

Bさん　167.9 ÷ 115.0 ＝ 1.46 → 146%

Bさんの方が，身長が伸びた割合が大きいことが分かります。

4
章

◆次の問題に答えましょう。

□ ① 北高校の生徒数は，去年は780人，今年は819人でした。南高校の生徒数は，去年は675人，今年は702人でした。生徒数が増えた割合が大きいのはどちらの高校でしょうか。

【答え】 ☐ 高校

□ ② 秋田犬のタロウは，生後3か月で9.0kg，生後10か月で29.7kg，ハナコは，生後3か月で8.4kg，生後10か月で27.3kgでした。体重の増えた割合が大きいのはどちらでしょうか。

【答え】 ☐

速さを求める

例題

90m の距離を 15 秒で走りました。このときの走る速さは，秒速何 m でしょうか。また，分速何 m でしょうか。

考え方

(速さ) ＝ (距離) ÷ (時間) なので，

90 ÷ 15 ＝ 6 より，**秒速 6m**

分速を求めるために，15 秒が何分かを考えます。

● 秒 ＝ $\dfrac{●}{60}$ 分なので，15 秒 ＝ $\dfrac{15}{60}$ 分 ＝ $\dfrac{1}{4}$ 分

よって，90 ÷ $\dfrac{1}{4}$ ＝ 90 × 4 ＝ 360 より，**分速 360m**

〔別解〕秒速 ● m を分速に直すには，● × 60 をすればよいので，

6 × 60 ＝ 360 より，分速 360m

◆ N さんは 3km の距離を時速 5km でジョギングしました。次の問題に答えましょう。

□ ① 何分かかったでしょうか。

【答え】　　　　　分

□ ② かかった分数を時間に直すと何時間になるでしょうか。

【答え】　　　　　時間

あと何km?

例題

100km の距離を自動車で走ったところ，A さんは 120 分，B さんは 150 分かかりました。2 人が同時にスタートしてこの速さで走ったとすると，A さんが 100km 地点に到達したときに，B さんは 100km 地点まであと何 km のところにいるでしょうか。速さは常に一定であるものとします。

考え方

B さんの速さは，150 分＝ 2.5 時間より，

$100 \div 2.5 = 40$ で，時速 40km

A さんが 120 分＝ 2 時間かけて 100km 地点に到達したときに，

B さんは $40 \times 2 = 80$（km）地点にいることになります。

よって，$100 - 80 = 20$（km）より，

B さんは 100km 地点まであと **20km** のところにいます。

◆ X さんと Y さんは自転車で 5km のコースを走りました。X さんは Y さんが 5km 地点に到達したときにスタート地点から 3.75km のところにいました。X さんが 5km 走るのに 20 分かかったとき，次の問題に答えましょう。速さは常に一定であるものとします。

□ ① X さんの速さは，時速何 km でしょうか。

【答え】　時速　　　　　km

□ ② Y さんは 5km 走るのに何分かかったか求めましょう。

【答え】　　　　　分

4
章

例題

りんごジャムを作ることにしました。りんごと砂糖の重さが 4：3 になるようにします。りんごを 600g 使うとき，砂糖は何g 必要でしょうか。

考え方

必要な砂糖の重さを xg とすると，

　$4：3 = 600：x$

「$a：b = c：d$」を比例式といい，

ここでは「$a \times d = b \times c$」という関係が成立します。

　$4 \times x = 3 \times 600$　$4 \times x = 1800$　$x = 1800 \div 4 = 450$(g)

よって，必要な砂糖の重さは **450g** となります。

◆ A さんはカフェオレを作ることにしました。コーヒーと牛乳の量が 5：8 になるように作るとき，次の問題に答えましょう。

□ ① 牛乳を 120mL 使う場合，コーヒーは何 mL 必要でしょうか。

【答え】□ mL

□ ② B さんはコーヒー 90mL と牛乳 130mL でカフェオレを作りました。コーヒー味が強いのは A さんのカフェオレと B さんのカフェオレのどちらでしょうか。

【答え】□ さん

人数比

例題

S社の去年の社員は665人で，男女比は8：11でした。去年の男性社員，女性社員の人数はそれぞれ何人でしょうか。

また，今年は去年より男性社員が35人増え，女性社員が25人減りました。今年の社員の男女比を求めましょう。

考え方

去年の社員665人が，比の全体である8＋11＝19にあたるので，

去年の男性社員は，$665 \times \dfrac{8}{19} = \underline{\textbf{280（人）}}$

去年の女性社員は，$665 \times \dfrac{11}{19} = \underline{\textbf{385（人）}}$

また，今年の男女比は，

(280＋35)：(385－25)＝315：360＝**7：8** となります。

◆あるグループの去年の参加メンバー数は119人で，未婚者と既婚者の比が9：8でした。このとき，次の問題に答えましょう。

□① 去年の未婚者，既婚者の人数をそれぞれ求めましょう。

【答え】　未婚者　　　　　人，既婚者　　　　　人

□② 今年は去年より未婚者が3人減り，既婚者が8人増えました。今年の未婚者と既婚者の比を求めましょう。

【答え】　　　　　：

4
章

73

例題

同じ洗剤が小と中，2 種類のサイズで売られていました。

　洗剤 [小]・・・250mL で 158 円

　洗剤 [中]・・・520mL で 298 円

小と中，どちらの洗剤がお得でしょうか。

考え方

すぐに分からないときは，同じ単位の数量で割った値で比べてみましょう。

　[小]　158 (円) ÷ 250 (mL) = 0.632 (円)

　[中]　298 (円) ÷ 520 (mL) = 0.573… (円)

[小]は 1mL あたり約 0.63 円，[中]は 1mL あたり約 0.57 円なので，

[中]の洗剤を買う方がお得です。

なお，mL を円で割って，1 円あたりの分量ではどちらが多いのかを比べる計算方法もあります。

◆どちらがお得か，単位量あたりの計算を使って答えましょう。

☐ ① シャンプー A・・・350mL で 280 円

　　シャンプー B・・・500mL で 350 円

【答え】　シャンプー

☐ ② ひき肉 A・・・250g で定価 475 円から 50 円引き

　　ひき肉 B・・・450g で定価 846 円

【答え】　ひき肉

年間パスポート

例題

ある美術館の１回の入館料は 1600 円です。この美術館では，年間パスポートを 5800 円で販売しています。

年に何回以上行くと元がとれるでしょうか。

また，実際にその回数だけ美術館に行ったとすると，１回あたり何円お得でしょうか。

考え方

年間パスポートの 5800 円を１回の入館料 1600 円で割ると，

5800 ÷ 1600 ＝ 3.625 であることから，

年に **4 回以上**行けば，元がとれる計算になります。

年間パスポートで 4 回行った場合，１回分の料金は，

5800 ÷ 4 ＝ 1450（円）になるので，１回につき，

1600 － 1450 ＝ **150（円）**お得です。

4 章

◆ある遊園地の入園料は 1500 円です。また，１回 300 円でアトラクションに乗ることができます。入園料とアトラクション乗り放題セットのフリーパスは，5500 円で販売されています。次の問題に答えましょう。

□ ① フリーパスでは，何回以上アトラクションに乗ると元がとれるでしょうか。

【答え】 ☐ 回以上

□ ② ちょうど①の回数だけアトラクションに乗ると，フリーパスを買わずに同じアトラクションに乗った場合よりも，いくらお得でしょうか。

【答え】 ☐ 円

例題

縦が 8km，横が 1.5km の長方形の土地があります。この土地の面積は，何 km² でしょうか。

また，A 球場は面積が 0.1km² あります。長方形の土地は，A 球場何個分の広さでしょうか。

考え方

（長方形の面積）＝（縦）×（横）より，

長方形の土地の面積は，$8 \times 1.5 = \underline{12} (km^2)$

A 球場何個分かを求めるには，上で求めた土地の面積を，球場の面積で割ればよいので，$12 \div 0.1 = \underline{120} (個分)$の広さです。

◆ある遊園地の敷地は，縦が 600m，横が 900m の長方形の形をしています。次の問題に答えましょう。

□ ① この遊園地の敷地面積は何 km² でしょうか。

【答え】　　　　　km²

□ ② この遊園地がリニューアルにともない，長方形の敷地のまま，縦と横をそれぞれ 100m 拡張することになりました。リニューアル前をもとにすると，リニューアル後の敷地面積は何％でしょうか。小数第 1 位を四捨五入して整数で答えましょう。

【答え】　　　　　％

単位換算

> **例題**
>
> 縦が 200m，横が 160m の長方形の田んぼがあります。
>
> この田んぼの面積は，何 m^2 でしょうか。
>
> また，何 km^2 でしょうか。

> **考え方**
>
> 田んぼの面積は，$200 \times 160 = \underline{\textbf{32000}}(m^2)$
>
> 1km = 1000m なので，$1km^2 = 1000 \times 1000 = 1000000 m^2$
>
> よって，$32000 \div 1000000 = \underline{\textbf{0.032km}^2}$
>
> 〔別解〕200m = 0.2km，160m = 0.16km から，
>
> 　　　　$0.2 \times 0.16 = 0.032 (km^2)$

◆円の形をした広場があります。円周率を 3.14 として次の問題に答えましょう。

□ ① 広場の直径が 0.1km のとき，広場の面積は何 m^2 になるでしょうか。

【答え】　　　　　　　　　　　　　　m^2

□ ② 広場の周の長さを 0.1km にしたい場合，半径はおよそ何 m にすればよいでしょうか。四捨五入して小数第 2 位まで求めましょう。

【答え】　およそ　　　　　　　m

4章

割引き

A店で買う方が 59 円安い

A店　2500×(1−0.15)＝2125 (円)
B店　2800×0.78＝2184 (円)
より，2184−2125＝59 (円)

伸びた割合が大きいのはどっち?

① 北高校　　② タロウ

① 北高校　819÷780＝1.05 → 105%
　南高校　702÷675＝1.04 → 104%

② タロウ　29.7÷9.0＝3.30 → 330%
　ハナコ　27.3÷8.4＝3.25 → 325%

② 速さを求める

① 36 分　　② $\frac{3}{5}$ 時間 (0.6 時間)

① 時速 5km は分速に直すと，

分速 $\frac{5}{60}$ km ＝ 分速 $\frac{1}{12}$ km

(時間)＝(距離)÷(速さ)より，

$3÷\frac{1}{12}＝3×12＝36$ (分)

② 36 分＝$\frac{36}{60}$ 時間 ＝ $\frac{3}{5}$ 時間 (3÷5＝0.6 時間)

あと何km?

① 時速 15km　　② 15 分

① 20 分＝$\frac{20}{60}$ 時間＝$\frac{1}{3}$ 時間

$5÷\frac{1}{3}＝5×3＝15$ より，時速 15km

② Y さんが 5km 地点に到達したときに，X さんは
スタート地点から 3.75km のところにいたので，
Y さんがかかった時間は，X さんが 3.75km 走
るのにかかった時間に等しい。
X さんの速さは時速 15km なので，

$3.75÷15＝0.25＝\frac{1}{4}$ (時間)

したがって，15 分

解答・解説

 ③ レシピ

① 75mL　　② B さん

① 必要なコーヒーの量を x mL とすると，
　$5:8=x:120$　$x=600÷8=75$(mL)

② コーヒーと牛乳の量の比は，
　A さん　$5:8$
　B さん　$90:130=9:13$
　全体に占めるコーヒーの割合の大きい方がコーヒー味が強いので，それを比べる。
　A さん　$\dfrac{5}{5+8}=\dfrac{5}{13}=0.384…$

　B さん　$\dfrac{9}{9+13}=\dfrac{9}{22}=0.409…$

人数比

① 未婚者 63 人，既婚者 56 人
② 15：16

① 去年の未婚者の人数は，
　$119×\dfrac{9}{9+8}=119×\dfrac{9}{17}=63$(人)

　去年の既婚者の人数は，
　$119×\dfrac{8}{17}=56$(人)

② 今年の未婚者と既婚者の比は，
　$(63-3):(56+8)=60:64=15:16$

---

 ④ どちらがお得？

① シャンプー B　　② ひき肉 A

① 1mL あたり何円になるか求めて比べる。
　A　$280÷350=0.8$(円)
　B　$350÷500=0.7$(円)

② 1g あたり何円になるか求めて比べる。
　A　$(475-50)÷250=1.7$(円)
　B　$846÷450=1.88$(円)

年間パスポート

① 14 回以上　　② 200 円

① まず，5500 円から入園料の 1500 円を引くと，
　$5500-1500=4000$(円)
　この 4000 円で何回アトラクションに乗れるのかを考えるから，
　$4000÷300=13.33…$より，
　14 回以上乗れば元がとれる計算になる。

② フリーパスを使わずに 14 回アトラクションに乗った場合の料金は，
　$1500+300×14=5700$(円)
　よって，$5700-5500=200$(円)お得。

解答・解説

 5 何個分の広さ？

① 0.54km²　　② 130%

① 0.6×0.9＝0.54（km²）

② リニューアル後の面積は，
　0.7×1.0＝0.7（km²）だから，
　リニューアル前の面積でこれを割ればよい。
　（0.7÷0.54）×100＝129.6…より，130%

単位換算

① 7850m²　② およそ 15.92m

① 0.1km＝100m より，
　広場の半径は 100÷2＝50（m）
　（円の面積）＝（半径）×（半径）×3.14 より，
　広場の面積は，
　50×50×3.14＝7850（m²）

② （円周の長さ）＝（直径）×3.14
　　　　　　　　＝（半径）×2×3.14 より，
　100÷2÷3.14＝15.923…（m）

V

総まとめテスト

総まとめテスト①

◆ 次の計算をしましょう。割り算は割り切れるまで計算し，答えが分数のときは最後まで約分しましょう。

□ ① $323 + 45 =$

□ ② $406 - 77 =$

□ ③ $15 \times 64 =$

□ ④ $902 \div 22 =$

□ ⑤ $9.6 + 2.4 =$

□ ⑥ $7.3 - 3.4 =$

□ ⑦ $5.8 \times 3.1 =$

□ ⑧ $7.41 \div 1.9 =$

□ ⑨ $\dfrac{1}{2} + \dfrac{9}{16} =$

□ ⑩ $\dfrac{7}{9} - \dfrac{3}{8} =$

□ ⑪ $\dfrac{15}{44} \times \dfrac{32}{45} =$

□ ⑫ $\dfrac{5}{6} \div \dfrac{25}{42} =$

□ ⑬ $\dfrac{4}{3} + 1.6 =$

□ ⑭ $6.5 - \dfrac{7}{2} =$

□ ⑮ $576 + 206 - 178 =$

□ ⑯ $4 \times 55 - 195 =$

□ ⑰ $5.6 - 1.7 + 22 =$

□ ⑱ $2 \times 0.3 \times 0.8 =$

□ ⑲ $632 - 37 - 482 =$

□ ⑳ $4 \div \dfrac{8}{9} + \dfrac{19}{16} =$

□ ㉑ $95 - 5 \times 14 =$

□ ㉒ $\dfrac{5}{6} \times \dfrac{3}{40} \times \dfrac{3}{2} =$

□ ㉓ $4.71 \div 15.7 \times 2.2 =$

□ ㉔ $(10 - 7.5) \div 5 =$

□ ㉕ $45.2 - (3.8 + 2.9) =$

□ ㉖ $2.7 \div 0.03 - 66 =$

□ ㉗ $1.4 + \dfrac{3}{10} + 0.2 =$

□ ㉘ $\dfrac{56}{31} \times (35 + 89) =$

□ ㉙ $500 \times 1.2 - 346 =$

□ ㉚ $\dfrac{18}{7} + \dfrac{5}{6} \div \dfrac{35}{36} =$

5
章

◆ 次の計算をしましょう。割り算は割り切れるまで計算し，答えが分数のときは最後まで約分しましょう。

□ ① $\dfrac{9}{5} \div \dfrac{18}{25} =$

□ ② $5 - 2.7 =$

□ ③ $34.9 + 2.2 =$

□ ④ $\dfrac{59}{11} - 4 =$

□ ⑤ $\dfrac{73}{6} - \dfrac{19}{6} =$

□ ⑥ $26 \times 4.35 =$

□ ⑦ $45.6 \div 6 =$

□ ⑧ $4.4 + \dfrac{8}{3} =$

□ ⑨ $8 + 6.79 =$

□ ⑩ $34 - 8 =$

□ ⑪ $\dfrac{33}{7} \div \dfrac{44}{21} =$

□ ⑫ $646 \times \dfrac{5}{38} =$

□ ⑬ $8.2 + 32 =$

□ ⑭ $0.3 \div 15 =$

□ ⑮ $(12 - 9.5) \times 5.2 =$

□ ⑯ $769 - 46 \times 9 =$

□ ⑰ $56 \times 0.26 \div 0.8 =$

□ ⑱ $\dfrac{64}{13} \div 16 \times \dfrac{26}{5} =$

□ ⑲ $\dfrac{26}{3} \times \dfrac{7}{30} - 2 =$

□ ⑳ $\dfrac{28}{15} - \dfrac{14}{25} \times \dfrac{15}{14} =$

□ ㉑ $6.1 \times (0.2 + 4.6) =$

□ ㉒ $\dfrac{7}{4} + 5.1 + 1.3 =$

□ ㉓ $413 \div (8 + 51) =$

□ ㉔ $\dfrac{75}{64} \div \dfrac{25}{3} \times \dfrac{40}{9} =$

□ ㉕ $7.3 + 8.1 \times 1.2 =$

□ ㉖ $10 - \dfrac{14}{9} \times \dfrac{18}{35} =$

□ ㉗ $9 \times 1.16 - 8 =$

□ ㉘ $\dfrac{31}{53} \times \dfrac{17}{62} \div \dfrac{1}{212} =$

□ ㉙ $9 - \dfrac{7}{16} - \dfrac{45}{8} =$

□ ㉚ $7 \times 7.4 \div 2.59 =$

◆ 次の計算をしましょう。割り算は割り切れるまで計算し，答えが分数のときは最後まで約分しましょう。

□ ① $2 \times 48.1 =$

□ ② $32 - 2.61 =$

□ ③ $7 - \dfrac{7}{39} =$

□ ④ $\dfrac{69}{35} \div \dfrac{46}{5} =$

□ ⑤ $\dfrac{22}{3} - \dfrac{7}{12} =$

□ ⑥ $106 \div 13.25 =$

□ ⑦ $783 + 244 =$

□ ⑧ $\dfrac{42}{5} + 6.3 =$

□ ⑨ $\dfrac{31}{10} \div \dfrac{31}{17} =$

□ ⑩ $9 \times 73 =$

□ ⑪ $33 - 1.5 =$

□ ⑫ $\dfrac{3}{29} + \dfrac{2}{87} =$

□ ⑬ $1.52 \times 5 =$

□ ⑭ $9.8 + 11 =$

☐ ⑮ $0.8 \times 109 + 5.7 =$

☐ ⑯ $\dfrac{17}{9} - \dfrac{4}{45} \times \dfrac{75}{8} =$

☐ ⑰ $7.62 + 8 \div 12.5 =$

☐ ⑱ $0.4 \times 35 - 3.26 =$

☐ ⑲ $392 \div 49 \times \dfrac{7}{16} =$

☐ ⑳ $\dfrac{23}{6} \times 30 + 5.5 =$

☐ ㉑ $3 - \dfrac{20}{29} \times \dfrac{4}{5} =$

☐ ㉒ $45 - 9.8 - 8.2 =$

☐ ㉓ $7.19 - 3.55 \div 1.42 =$

☐ ㉔ $50.5 + 0.5 \times 9.02 =$

☐ ㉕ $\left(\dfrac{57}{25} + \dfrac{11}{5} \right) \div \dfrac{16}{65} =$

☐ ㉖ $8.49 + 3.4 \times 0.7 =$

☐ ㉗ $\dfrac{4}{81} \times 66 \times \dfrac{9}{88} =$

☐ ㉘ $\dfrac{76}{7} \times \dfrac{21}{19} - 8.5 =$

☐ ㉙ $7 \div \dfrac{91}{32} \div \dfrac{8}{13} =$

☐ ㉚ $93.8 \div 6.7 - 8.49 =$

4 ┃ 総まとめテスト④

学習の日付	正答数
月　日	/ 30

◆ 次の計算をしましょう。割り算は割り切れるまで計算し，答えが分数のときは最後
まで約分しましょう。

□ ① $25 \div \dfrac{90}{7} =$

□ ② $9.1 \div 0.35 =$

□ ③ $\dfrac{11}{12} + \dfrac{15}{4} =$

□ ④ $402 + 93.1 =$

□ ⑤ $47 \div \dfrac{94}{17} =$

□ ⑥ $585 \times \dfrac{13}{45} =$

□ ⑦ $\dfrac{5}{68} + \dfrac{14}{17} =$

□ ⑧ $930 - 143 =$

□ ⑨ $5.6 - \dfrac{18}{7} =$

□ ⑩ $11 - 8.74 =$

□ ⑪ $4.2 \times 0.7 =$

□ ⑫ $635 \times 0.4 =$

□ ⑬ $8.38 - 2.92 =$

□ ⑭ $29.7 \div 1.8 =$

88

☐ ⑮ $6.36 - \dfrac{7}{10} \times \dfrac{19}{10} =$

☐ ⑯ $(78.4 - 3.4) \div 0.12 =$

☐ ⑰ $5 - 4.98 \times 0.5 =$

☐ ⑱ $6 + 48 \times \dfrac{13}{12} =$

☐ ⑲ $150 - 38 - 37 =$

☐ ⑳ $\dfrac{9}{4} - \dfrac{5}{14} + \dfrac{8}{7} =$

☐ ㉑ $\dfrac{72}{5} \times \dfrac{10}{3} - 30 =$

☐ ㉒ $9.27 + 111 \div 15 =$

☐ ㉓ $(700 - 403) \div 3 =$

☐ ㉔ $8.6 - 3.3 + 1.69 =$

☐ ㉕ $0.6 \times 8.3 + 2.87 =$

☐ ㉖ $456 \div 5.7 \div 16 =$

☐ ㉗ $7 \times \dfrac{19}{10} \div \dfrac{21}{5} =$

☐ ㉘ $0.9 + 8.2 + 4.21 =$

☐ ㉙ $\dfrac{3}{22} \times (28.5 + 26.5) =$

☐ ㉚ $28 \times 32 - 389 =$

◆ 次の計算をしましょう。割り算は割り切れるまで計算し，答えが分数のときは最後まで約分しましょう。

□ ① $\dfrac{7}{45} \times \dfrac{36}{49} =$

□ ② $99 - 69.8 =$

□ ③ $0.27 + \dfrac{1}{3} =$

□ ④ $82.2 \div 1.37 =$

□ ⑤ $6.4 - 4.18 =$

□ ⑥ $83.6 \times 50 =$

□ ⑦ $34.1 - 21.7 =$

□ ⑧ $48 \div \dfrac{16}{29} =$

□ ⑨ $0.3 \times 5.91 =$

□ ⑩ $\dfrac{5}{42} + \dfrac{15}{14} =$

□ ⑪ $2.7 \div 12 =$

□ ⑫ $61.5 \times 0.8 =$

□ ⑬ $75 - 5.83 =$

□ ⑭ $\dfrac{100}{23} \div \dfrac{35}{92} =$

□ ⑮ $1.7 \times (4.24 + 0.96) =$

□ ⑯ $5.9 - 0.4 \times 10.1 =$

□ ⑰ $\dfrac{5}{2} \div \dfrac{2}{7} + \dfrac{7}{4} =$

□ ⑱ $\left(\dfrac{5}{8} + \dfrac{11}{6} \right) \times \dfrac{12}{7} =$

□ ⑲ $6.8 - 4.8 \div 3.75 =$

□ ⑳ $68.6 \div 1.4 \div 0.7 =$

□ ㉑ $84 \div 98 + \dfrac{15}{7} =$

□ ㉒ $\dfrac{7}{12} \times \left(\dfrac{15}{7} - \dfrac{45}{49} \right) =$

□ ㉓ $(5.1 + 19.9) \times \dfrac{1}{150} =$

□ ㉔ $4.28 + 1.83 \times 4 =$

□ ㉕ $9.53 - 7.76 + 4.3 =$

□ ㉖ $\left(\dfrac{17}{8} - 2 \right) \times 240 =$

□ ㉗ $8.5 + 67.1 - 43 =$

□ ㉘ $\dfrac{17}{3} - \dfrac{16}{63} \div \dfrac{8}{7} =$

□ ㉙ $(16.4 + 65) \div 0.37 =$

□ ㉚ $503 + 612 - 195 =$

5
章

解答・解説

① 総まとめテスト①

① 368　② 329　③ 960　④ 41

⑤ 12　⑥ 3.9　⑦ 17.98　⑧ 3.9

⑨ $\dfrac{17}{16}$　⑩ $\dfrac{29}{72}$　⑪ $\dfrac{8}{33}$　⑫ $\dfrac{7}{5}$

⑬ $\dfrac{44}{15}$　⑭ 3　⑮ 604　⑯ 25

⑰ 25.9　⑱ 0.48　⑲ 113　⑳ $\dfrac{91}{16}$

㉑ 25　㉒ $\dfrac{3}{32}$　㉓ 0.66　㉔ 0.5

㉕ 38.5　㉖ 24　㉗ $\dfrac{19}{10}$ (1.9)　㉘ 224

㉙ 254　㉚ $\dfrac{24}{7}$

② 総まとめテスト②

① $\dfrac{5}{2}$　② 2.3　③ 37.1　④ $\dfrac{15}{11}$

⑤ 9　⑥ 113.1　⑦ 7.6　⑧ $\dfrac{106}{15}$

⑨ 14.79　⑩ 26　⑪ $\dfrac{9}{4}$　⑫ 85

⑬ 40.2　⑭ 0.02　⑮ 13　⑯ 355

⑰ 18.2　⑱ $\dfrac{8}{5}$　⑲ $\dfrac{1}{45}$　⑳ $\dfrac{19}{15}$

㉑ 29.28　㉒ $\dfrac{163}{20}$ (8.15)　㉓ 7　㉔ $\dfrac{5}{8}$

㉕ 17.02　㉖ $\dfrac{46}{5}$　㉗ 2.44　㉘ 34

㉙ $\dfrac{47}{16}$　㉚ 20

③ 総まとめテスト③

① 96.2　② 29.39　③ $\dfrac{266}{39}$　④ $\dfrac{3}{14}$

⑤ $\dfrac{27}{4}$　⑥ 8　⑦ 1027　⑧ $\dfrac{147}{10}$ (14.7)

⑨ $\dfrac{17}{10}$　⑩ 657　⑪ 31.5　⑫ $\dfrac{11}{87}$

⑬ 7.6　⑭ 20.8　⑮ 92.9　⑯ $\dfrac{19}{18}$

⑰ 8.26　⑱ 10.74　⑲ $\dfrac{7}{2}$　⑳ 120.5

㉑ $\dfrac{71}{29}$　㉒ 27　㉓ 4.69　㉔ 55.01

㉕ $\dfrac{91}{5}$　㉖ 10.87　㉗ $\dfrac{1}{3}$　㉘ 3.5

㉙ 4　㉚ 5.51

④ 総まとめテスト④

① $\dfrac{35}{18}$　② 26　③ $\dfrac{14}{3}$　④ 495.1

⑤ $\dfrac{17}{2}$　⑥ 169　⑦ $\dfrac{61}{68}$　⑧ 787

⑨ $\dfrac{106}{35}$　⑩ 2.26　⑪ 2.94　⑫ 254

⑬ 5.46　⑭ 16.5　⑮ $\dfrac{503}{100}$ (5.03)　⑯ 625

⑰ 2.51　⑱ 58　⑲ 75　⑳ $\dfrac{85}{28}$

㉑ 18　㉒ 16.67　㉓ 99　㉔ 6.99

㉕ 7.85　㉖ 5　㉗ $\dfrac{19}{6}$　㉘ 13.31

㉙ $\dfrac{15}{2}$　㉚ 507

解答・解説

 総まとめテスト⑤

① $\dfrac{4}{35}$　② 29.2　③ $\dfrac{181}{300}$　④ 60

⑤ 2.22　⑥ 4180　⑦ 12.4　⑧ 87

⑨ 1.773　⑩ $\dfrac{25}{21}$　⑪ 0.225　⑫ 49.2

⑬ 69.17　⑭ $\dfrac{80}{7}$　⑮ 8.84　⑯ 1.86

⑰ $\dfrac{21}{2}$　⑱ $\dfrac{59}{14}$　⑲ 5.52　⑳ 70

㉑ 3　㉒ $\dfrac{5}{7}$　㉓ $\dfrac{1}{6}$　㉔ 11.6

㉕ 6.07　㉖ 30　㉗ 32.6　㉘ $\dfrac{49}{9}$

㉙ 220　㉚ 920

達成度チェック表

達成度チェック表の使い方

- 計算問題に取り組んだら正答数を書き込み，正答数に該当する右の目盛りに ●印を付けましょう。

- ══════の線をボーダーラインとして，それ以下の正答数だった分野の学習に 力を注ぎましょう。

- 章全体の取り組みが終わったら，章全体の正答率を計算しましょう。

1章　基本の四則演算	正答数	5	10	15	20	25	30
1　整数の足し算	/ 30						
2　整数の引き算	/ 30						
3　整数のかけ算	/ 30						
4　整数の割り算	/ 30						
5　整数＋整数，整数－整数	/ 30						
6　整数×整数，整数÷整数	/ 30						
7　整数の四則混合①	/ 30						
8　整数の四則混合②	/ 22						
● 1章全体 ●	/232	→ 正答率　　　　　　%					
2章　小数の四則演算	正答数	5	10	15	20	25	30
1　小数の足し算	/ 30						
2　小数の引き算	/ 30						
3　小数のかけ算	/ 30						
4　小数の割り算	/ 30						
5　小数＋小数，小数－小数	/ 30						
6　小数×小数，小数÷小数	/ 30						
7　小数の四則混合①	/ 30						
8　小数の四則混合②	/ 28						
● 2章全体 ●	/238	→ 正答率　　　　　　%					

3章　分数の四則演算	正答数	5	10	15	20	25	30
1　分数の足し算	/ 30						
2　分数の引き算	/ 30						
3　分数のかけ算	/ 30						
4　分数の割り算	/ 30						
5　分数＋分数，分数－分数	/ 30						
6　分数×分数，分数÷分数	/ 30						
7　分数の四則混合①	/ 30						
8　分数の四則混合②	/ 30						
● 3章全体 ●	/240	→ 正答率			%		

4章　生活の中で実践！	正答数	1	2	3	4
1　百分率・歩合	/ 3				
2　時間と速さ	/ 4				
3　比の計算	/ 4				
4　単位量あたりの計算	/ 4				
5　面積	/ 4				
● 4章全体 ●	/19	→ 正答率		%	

5章　総まとめテスト	正答数	5	10	15	20	25
1　総まとめテスト①	/ 30					
2　総まとめテスト②	/ 30					
3　総まとめテスト③	/ 30					
4　総まとめテスト④	/ 30					
5　総まとめテスト⑤	/ 30					
● 5章全体 ●	/150	→ 正答率			%	

おつかれさまでした!!

総正答数	/879	→ 正答率	％

© Edit, Ltd., 2023, Printed in Japan

再挑戦！
大人のおさらい計算ドリル

2023 年 11 月 10 日　　初版第 1 刷発行

編　者　語研編集部
制　作　ツディブックス株式会社
発行者　田中　稔
発行所　株式会社 語研
　　　　〒 101–0064
　　　　東京都千代田区神田猿楽町 2-7-17
　　　　電　話 03-3291-3986
　　　　ファクス 03-3291-6749

編集協力　株式会社エディット
印刷・製本　シナノ書籍印刷株式会社

ISBN978-4-87615-381-7 C0041
書名　サイチョウセン　オトナノオサライケイサンドリル
編者　ゴケンヘンシュウブ
著作者および発行者の許可なく転載・複製することを禁じます。

定価：本体 1,200 円＋税（税込定価：1,320 円）
乱丁本，落丁本はお取り替えいたします。

株式会社語研
語研ホームページ https://www.goken-net.co.jp/

本書の感想は
スマホから↓